Abhängigkeitsgraph

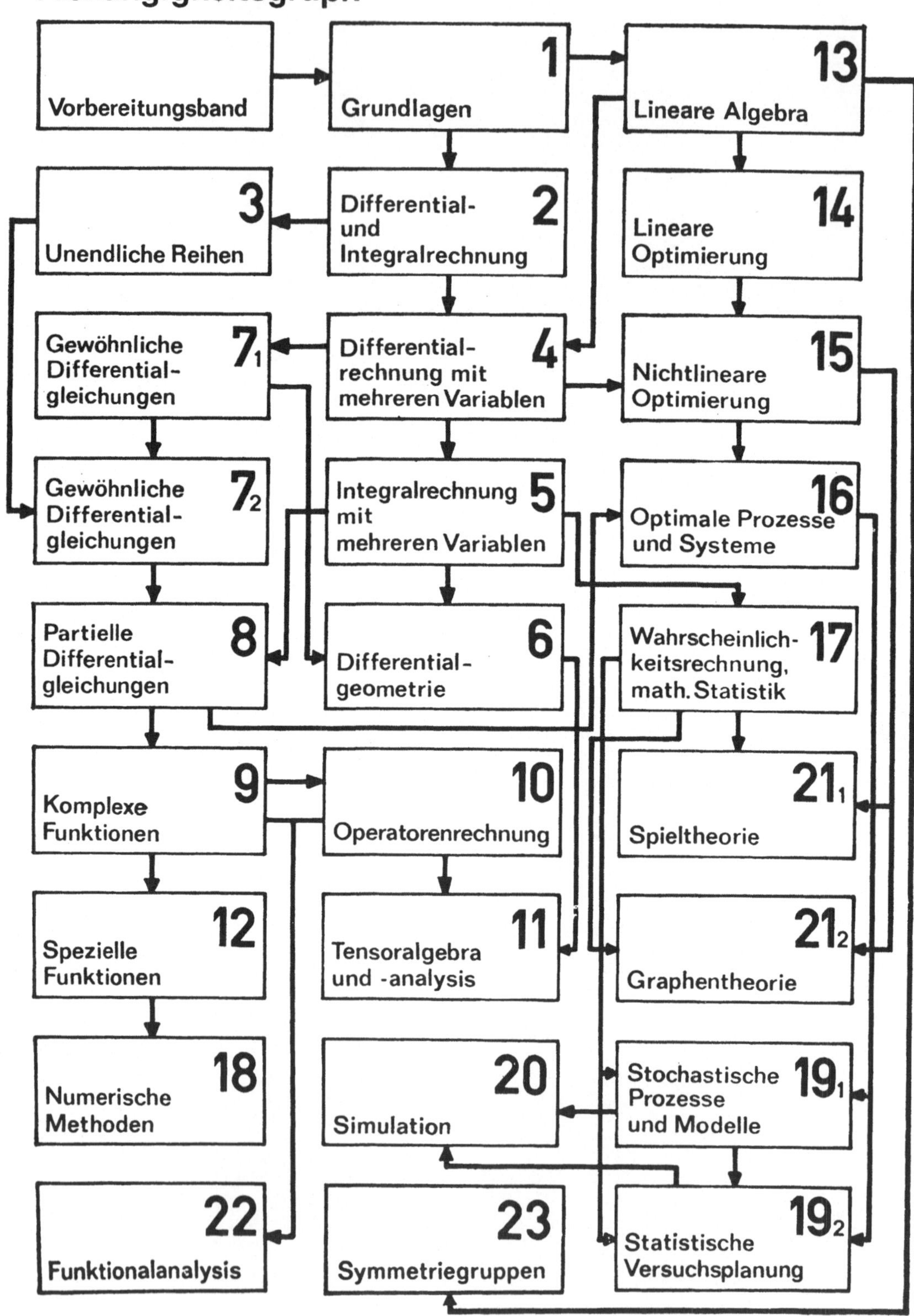

MATHEMATIK FÜR INGENIEURE, NATURWISSENSCHAFTLER,
ÖKONOMEN UND LANDWIRTE · BAND 18

Herausgeber: Prof. Dr. O. Beyer, Magdeburg · Prof. Dr. H. Erfurth, Merseburg
Prof. Dr. O. Greuel † · Prof. Dr. C. Großmann, Dresden
Prof. Dr. H. Kadner, Dresden · Prof. Dr. K. Manteuffel, Magdeburg
Prof. Dr. M. Schneider, Karl-Marx-Stadt · Doz. Dr. G. Zeidler, Berlin

PROF. DR. DIETER OELSCHLÄGEL
DOZ. DR. WOLF-GERT MATTHÄUS

Numerische Methoden

4. AUFLAGE

B. G. TEUBNER VERLAGSGESELLSCHAFT K.-G.
LEIPZIG 1991

Das Lehrwerk wurde 1972 begründet und wird seither herausgegeben von:
Prof. Dr. Otfried Beyer, Prof. Dr. Horst Erfurth, Prof. Dr. Otto Greuel †, Prof. Dr. Horst Kadner,
Prof. Dr. Karl Manteuffel, Doz. Dr. Günter Zeidler
Außerdem gehören dem Herausgeberkollektiv an:
Prof. Dr. Manfred Schneider (seit 1989), Prof. Dr. Christian Großmann (seit 1989)

Verantwortlicher Herausgeber dieses Bandes:
Dr. rer. nat. habil. Horst Kadner, o. Professor an der Technischen Universität Dresden

Autoren:
Dr. rer. nat. habil. Dieter Oelschlägel, o. Professor an der Technischen Hochschule „Carl Schorlemmer" Leuna-Merseburg
Dr. sc. nat. Wolf-Gert Matthäus, Dozent an der Martin-Luther-Universität Halle – Wittenberg

Oelschlägel, Dieter:
Numerische Methoden / D. Oelschlägel; W.-G. Matthäus. –
4. Aufl. – Leipzig : B. G. Teubner Verlagsges., 1991. –
96 S. : 12 Abb.
(Mathematik für Ingenieure, Naturwissenschaftler,
Ökonomen und Landwirte ; 18)
NE: Matthäus, Wolf-Gert :; GT

ISBN 978-3-322-00803-9   ISBN 978-3-322-96433-5 (eBook)
DOI 10.1007/978-3-322-96433-5

Math. Ing. Nat.wiss. Ökon. Landwirte, Bd. 18

ISSN 0138-1318

© BSB B. G. Teubner Verlagsgesellschaft, Leipzig 1974

4. Auflage

VLN 294-375/37/91

Lektor: Jürgen Weiß

Vorwort

Da seit dem Erscheinen der ersten Auflage mehr als ein Dutzend Jahre vergangen sind, machte sich eine gründliche Überarbeitung des Bandes nötig. Das Kapitel „Gleichungssysteme" wurde erweitert durch Ausführungen zur Lösung von tridiagonalen linearen Gleichungssystemen; die Ausführungen zur Interpolation wurden stark verändert; der Abschnitt „Anfangswertaufgaben bei gewöhnlichen Differentialgleichungen" wurde völlig neu verfaßt.

Die moderne Entwicklung und der weitverbreitete Einsatz von elektronischen Rechenanlagen (Computern) üben starken Einfluß auf die numerische Mathematik aus. Zwischen numerischer Mathematik und Informatik haben sich enge Wechselbeziehungen entwickkelt. Die moderne Rechentechnik hat neue Maßstäbe in der Wertung und Einschätzung numerischer Verfahren gebracht, Einfluß auf die theoretische Weiterentwicklung der numerischen Mathematik genommen, in großem Umfang zur Weiter- und Neuentwicklung numerischer Algorithmen geführt und es ermöglicht, immer größere und komplexere Probleme in Angriff zu nehmen. Dieser Entwicklung wurde bei der Überarbeitung dieses Bandes zum Beispiel bei der Auswahl der Verfahren und durch die relativ gründliche Behandlung von Stabilitätsfragen Rechnung getragen. Die Autoren versuchen der legitimen Forderung nach Querverbindungen zur Informatik auch dadurch nachzukommen, daß an das Ende jedes Kapitels ein Abschnitt „Programmierung und Software" angefügt wurde. Für drei ausgewählte grundlegende Verfahren werden Programmablaufpläne angegeben. Die Angabe von vollständigen Programmen oder von Programmablaufplänen für jedes Verfahren würde den Rahmen und den Umfang dieses Bandes sprengen und ist der Spezialliteratur vorbehalten; ein Verzeichnis ausgewählter, weiterführender Spezialliteratur ist dem eigentlichen Literaturverzeichnis beigefügt. Ein tieferes Eindringen in die numerische Mathematik erfordert ohnehin die gleichzeitige Beschäftigung mit Informatik, zum Beispiel das rechentechnische Realisieren der jeweils betrachteten Algorithmen und den Einsatz von Programmsystemen.

Die Neugestaltung des Bandes ist das Ergebnis vieler Diskussionen in verschiedenen Gremien. Wir danken dem Herausgeberkollektiv, insbesondere Herrn Prof. Dr. rer. nat. habil. H. Kadner (Dresden), für wertvolle Hinweise in Vorbereitung und bei der Abfassung dieser Auflage. Zu Dank sind wir auch unserem Kollegen Dr. rer. nat. V. Wiebigke (Merseburg) für Hinweise zur Gestaltung des Abschnitts "Programmierung und Software" verpflichtet. Die Autoren sind für kritische Bemerkungen zur weiteren Verbesserung des Inhalts und der Darstellung stets dankbar.

Merseburg, im Februar 1987   Die Verfasser

Inhalt

Inhalt 5

1. Einführung

Die moderne Entwicklung in Technik, Naturwissenschaft und Ökonomie konfrontiert die auf diesen Gebieten in der Praxis Tätigen immer häufiger mit mathematischen Problemen, die exakt entweder nur äußerst umständlich oder überhaupt nicht lösbar sind. In diesen Fällen müssen Verfahren der numerischen Mathematik zur genäherten Lösung herangezogen werden.

Der Weg von einer in einem der eben genannten Anwendungsbereiche gestellten Aufgabe zu numerischen Resultaten verläuft in mehreren Schritten.

1. Schritt:

Der zu behandelnde technische, naturwissenschaftliche oder ökonomische Vorgang muß z. B. durch Vernachlässigung nicht wesentlicher Einflußgrößen zu einem hinreichend einfachen, den wirklichen Vorgang *approximierenden*, d. h. *näherungsweise* beschreibenden *Modellvorgang* idealisiert werden.

2. Schritt:

Dieser Modellvorgang oder kurz dieses *Modell* ist mathematisch zu fassen, z. B. sind die quantitativen Beziehungen in Gestalt von Gleichungen zu beschreiben. Als Ergebnis erhält man das *mathematische Modell* des Vorganges. Danach ist zu prüfen, ob die nun vorliegende mathematische Problemstellung sachgemäß gestellt ist. Dazu gehört im wesentlichen, die *Existenz* von Lösungen festzustellen und u. U. die *Stabilität der Problemstellung* (der Aufgabe) nachzuweisen.

3. Schritt:

Ist das Modell nicht auf analytischem Wege lösbar, so wird man ein geeignetes *numerisches Verfahren* als Näherungsverfahren auswählen. Diese Entscheidung wird von vielen Faktoren beeinflußt: von der zur Verfügung stehenden Rechentechnik, von der Softwaresituation, von den spezifischen Anforderungen und Eigenschaften der Aufgabe, von den jeweils traditionell verwendeten Numerik-Bausteinen, von den vorhandenen numerischen Erfahrungen u. v. a. m. Generell sollte man nach folgendem Schema vorgehen:

Man informiere sich in der zuständigen Softwarebank, ob für das vorliegende Modell auf dem vorhandenen Computer nutzbare Software vorliegt. Wenn ja, dann nutze man diese (damit wird das Studium der folgenden Kapitel dieses Buches keinesfalls hinfällig, denn Beschreibungen numerischer Software sind ohne entsprechende Numerik-Grundkenntnisse im allgemeinen nicht oder nur schwer verständlich!).

Ist keine sofort nutzbare Software vorhanden (z. B. weil der verfügbare Computer keinen Compiler für die verwendete Sprache enthält), so sollte als nächstes versucht werden, passende Software aus Programmsammlungen (Büchern) zu übernehmen. Ist auch das nicht erfolgreich, weil möglicherweise das gegebene Modell zu komplex ist, dann erst sollte man selbst einen ausgewählten numerischen Algorithmus zum Programm aufbereiten bzw. einen Software-Fachmann zu Rate ziehen.

4. Schritt:

Bei der Umsetzung des numerischen Algorithmus in ein Programm sollte man stets die *Grundregel der strukturierten Programmierung* berücksichtigen: Die Struktur des Programms muß der Struktur des Algorithmus entsprechen – einzelne, relativ selbständige Teilrechnungen sollten stets in selbständigen Programmeinheiten (Unterprogrammen, Prozeduren) abgearbeitet werden. Dieses Vorgehen hat den Vorteil, daß möglicherweise für Teil- und Hilfsrechnungen (z. B. Lösung linearer Gleichungssysteme) vorhandene *Softwarebau-*

steine eingesetzt werden können. Man kann mit jeder Programmiersprache gut strukturierte, übersichtlich aufgebaute Programme aufstellen; es gibt jedoch Sprachen, die dieses Vorgehen besonders unterstützen (PASCAL). Nachdem man jede Programmeinheit einzeln getestet hat, kann man dann zum Test des gesamten Programmes übergehen und danach die Nutzrechnungen durchführen.

5. Schritt:

Die Rechnung wird durchgeführt. Anschließend sind die numerischen Resultate kritisch zu werten.

Nun soll auf einige spezifische Probleme bei numerischen Rechnungen besonders eingegangen werden:

Wir nennen eine Problemstellung (eine Aufgabe) *stabil*, wenn bei kleinen Änderungen der Ausgangsgrößen die Änderung der Lösung klein bleibt. Zur Verdeutlichung des Begriffs der Stabilität der Problemstellung bringen wir folgendes Beispiel.

Beispiel 1.1: Wir betrachten die Anfangswertaufgabe

$$y'' = y, \quad y(0) = 1, \quad y'(0) = -1.$$

Diese besitzt die Lösung $y = e^{-x}$. Wird jedoch die zweite Anfangsbedingung nur wenig verändert, z. B. $y'(0) = -1 + \varepsilon$ bzw. $y'(0) = -1 - \varepsilon$ ($\varepsilon > 0$), so erhält man die Lösung $y_\varepsilon = \left(1 - \dfrac{\varepsilon}{2}\right) e^{-x} + \dfrac{\varepsilon}{2} e^{x}$ bzw. $y_{-\varepsilon} = \left(1 + \dfrac{\varepsilon}{2}\right) e^{-x} - \dfrac{\varepsilon}{2} e^{x}$. Die Lösungen $y_\varepsilon(x)$ und $y_{-\varepsilon}(x)$, die jeweils durch eine nur kleine Änderung eines Anfangswertes erhalten wurden, unterscheiden sich jedoch wesentlich von $y(x)$, da $\lim\limits_{x \to \infty} y(x) = 0$, aber $\lim\limits_{x \to \infty} y_\varepsilon(x) = +\infty$ und $\lim\limits_{x \to \infty} y_{-\varepsilon}(x) = -\infty$ gilt. Somit ist das Problem instabil. Dagegen ist z. B. die Anfangswertaufgabe $y' = -y$, $y(0) = 1$ stabil; den Nachweis empfehlen wir dem Leser als Übung.

Da nur mit Zahlendarstellungen mit endlicher Stellenzahl *(finiten Zahlen)* gerechnet werden kann, spielt sich die numerische Mathematik in einer endlichen Teilmenge der rationalen Zahlen ab. Wegen der Finitheit der Zahlen sind die numerischen Resultate mit *Rundungsfehlern* behaftet. Eine weitere Folge der Finitheit der Zahlen ist, daß der Begriff „unendlich groß" durch den Begriff „sehr groß" ersetzt werden muß.

Wenn sich der für die ersten Rechenschritte zugelassene Rundungsfehler in den folgenden Schritten nicht vergrößert, so heißt der *Rechenprozeß stabil*, wenn aber dieser Fehler von Schritt zu Schritt wächst (wenn sich die lokalen Rundungsfehler akkumulieren), dann heißt der *Rechenprozeß instabil*. Die *Stabilität des Rechenprozesses* ist in unserer Zeit durch den Einsatz von Computern, auf denen umfangreiche Rechnungen mit sehr großer Zahl von Rechenschritten durchgeführt werden, zu einer sehr wichtigen Frage geworden. Die Instabilität eines Rechenprozesses kann folgende Ursachen haben:

a) Die Problemstellung (Aufgabe) ist instabil. Mit diesem Begriff befaßten wir uns bereits (siehe Beispiel 1.1). In diesem Falle kann die Instabilität des Rechenprozesses nicht behoben werden.

Ist die Aufgabe nicht stabil, so behilft man sich oft dadurch, daß man zu benachbarten, stabilen Aufgaben übergeht und diese löst. Dieses Vorgehen wird als *Regularisierung* bezeichnet.

Die Stabilität der Aufgabe ist eine wesentliche Voraussetzung dafür, daß man die Aufgabe als *korrekt gestellt* bezeichnen darf.

b) Das verwendete numerische Lösungsverfahren führt zur Instabilität des Rechenprozesses. Man nennt dann das Lösungsverfahren selbst instabil und kann die Instabilität des Rechenprozesses, falls die Problemstellung stabil ist, meist durch Wechsel des Lösungsverfahrens, d. h. durch Wahl eines stabilen Lösungsverfahrens, beheben. Zur Erläuterung soll folgendes Beispiel dienen.

Beispiel 1.2: Zu berechnen sei die Zahlenfolge

$$I_n = \frac{1}{e} \int_0^1 x^n e^x \, dx \tag{1.1}$$

für $n = 0, 1, 2, \ldots, N$. Es gilt

$$I_0 = \frac{1}{e} \int_0^1 e^x \, dx = 1 - \frac{1}{e}. \tag{1.2}$$

Wenden wir auf das in (1.1) rechts stehende Integral die partielle Integration

$$\frac{1}{e} \int_0^1 x^n e^x \, dx = 1 - n \frac{1}{e} \int_0^1 x^{n-1} e^x \, dx$$

an, so finden wir die Rekursionsformel

$$I_n = 1 - n I_{n-1}. \tag{1.3}$$

Weiterhin gilt

$$0 < I_{n+1} < I_n \quad \text{und} \quad \lim_{n \to \infty} I_n = 0, \tag{1.4}$$

was wir ohne Beweis mitteilen.

Wenn wir die Zahlen I_n, $n = 1, 2, 3, \ldots, N$, nach der Rekursionsformel (1.3) unter Berücksichtigung von (1.2) berechnen, müssen wir schon nach wenigen Schritten feststellen, daß die Zahlen für wachsendes n im Gegensatz zu (1.4) nicht monoton nach Null gehen, sondern aufgrund der Rundungsfehler von den wahren Werten immer mehr abwandern. Je nach der Genauigkeit der Rechnung (d. h. je nach der Anzahl der mitgeführten Stellen), ist diese Erscheinung eher oder später deutlich festzustellen. In Spalte 1 der Tabelle 1.1 sind die auf zwei Dezimalen nach dem Komma exakten Werte für I_0 bis I_8 angegeben, in Spalte 2 finden Sie die nach (1.3) mit der gleichen Genauigkeit berechneten Werte.

Tabelle 1.1

n	1	2	3	4
0	0,63	0,63	0,63	0,63
1	0,37	0,37	0,37	0,37
2	0,26	0,26	0,26	0,26
3	0,21	0,22	0,21	0,21
4	0,17	0,12	0,17	0,17
5	0,15	0,40	0,15	0,15
6	0,13	$-$ 1,40	0,13	0,13
7	0,11	10,80	0,12	0,11
8	0,10	$-85,40$	0	0,10

Bezeichnen wir für ein festes n mit I_n den exakten und mit $\tilde{I}_n$ den nach (1.3) berechneten Wert, so ist

$$t_n = \tilde{I}_n - I_n$$

der Fehler von $\tilde{I}_n$. Aus

$$\tilde{I}_{n+1} = 1 - (n+1)\tilde{I}_n \quad \text{und} \quad I_{n+1} = 1 - (n+1)I_n$$

folgt durch Subtraktion

$$t_{n+1} = \tilde{I}_{n+1} - I_{n+1} = -(n+1)\,(\tilde{I}_n - I_n) = -(n+1)\,t_n. \tag{1.5}$$

Die Beziehung (1.5) zeigt, daß bei diesem Verfahren der absolute Fehler von $\tilde{I}_{n+1}$ durch Multiplikation des absoluten Fehlers von $\tilde{I}_n$ mit $-(n+1)$ entsteht (wobei wir den bei der Berechnung von $\tilde{I}_{n+1}$ möglicherweise auftretenden Rundungsfehler vernachlässigten). Mit wachsender Schrittzahl, d. h. mit wachsendem n, werden also die Werte von I_n zunehmend verfälscht, das Verfahren ist instabil und damit unbrauchbar.

Setzen wir aber wegen $\lim\limits_{n \to \infty} I_n = 0$ für ein genügend großes j $I_j = 0$ und berechnen die I_n, $n = j - 1$, ..., 1, 0, aus der aus (1.3) folgenden Beziehung

$$I_{n-1} = \frac{1 - I_n}{n} \tag{1.6}$$

rückwärts, erhalten wir ein stabiles Lösungsverfahren. Den Nachweis empfehlen wir dem Leser zur Übung. In der Spalte 3 bzw. 4 der Tab. 1.1 sind die nach diesem Verfahren auf zwei Dezimalen nach dem Komma genau berechneten Werte von I_n angegeben, wobei in Spalte 3 $I_8 = 0$ und in Spalte 4 $I_{10} = 0$ gesetzt wurde. Man sieht, daß im Rahmen unserer geforderten Genauigkeit bereits bei Wahl von $I_{10} = 0$ die genauen Werte von I_8, I_7, ..., I_0 erhalten werden.

Neben den Rundungsfehlern treten bei numerischen Rechnungen noch *Datenfehler* (Eingangsfehler) und *Verfahrensfehler* auf. Der Datenfehler ist der Fehler des Resultats einer Rechnung, der eine Folge der Ungenauigkeit der eingehenden Daten ist. Die Datenfehler können wie Rundungsfehler behandelt werden, die vor Beginn der Rechnung gemacht worden sind.

Die Verfahrensfehler haften dem gewählten numerischen Verfahren an und sind somit auch ohne Rundungsfehler vorhanden. Sie sind letztlich eine Folge des in der numerischen Mathematik notwendigen Ersatzes analytischer Prozesse durch *finite Prozesse*. Bei der Approximation eines Grenzprozesses spricht man auch vom *Abbruchfehler*, beim Ersatz der Zahlengeraden durch ein diskretes Punktsystem vom *Diskretisierungsfehler*. Zur Verdeutlichung bringen wir ein einfaches Beispiel.

Beispiel 1.3: Das bestimmte Integral

$$\int\limits_1^3 \frac{dx}{x} = \ln 3$$

soll nach der bekannten Keplerschen Faßregel durch eine gewichtete Summe von Funktionswerten approximiert werden. Man erhält

$$\int\limits_1^3 \frac{dx}{x} = \frac{2}{6}\left(1 + 4 \cdot \frac{1}{2} + \frac{1}{3}\right) = \frac{10}{9}.$$

Der Verfahrensfehler F_V ist die Differenz des strengen Integralwertes und des strengen Summenwertes, also

$$F_V = \ln 3 - \frac{10}{9}.$$

Der Rundungsfehler F_R ist die Differenz des strengen Summenwertes und des vom Rechenautomaten mit finiter Stellenzahl gelieferten Summenwertes bei Berücksichtigung von vier Dezimalen nach dem Komma, also

$$F_R = \frac{10}{9} - 1{,}1111 = 0{,}0000\overline{1}.$$

Rundungsfehler und Verfahrensfehler sind im allgemeinen miteinander verflochten, sie überlagern sich in komplizierter Weise und können bezüglich ihres Einflusses auf das Resultat oft sehr schwer oder gar nicht getrennt werden. Die Überlagerung der Fehler läßt häufig nur schlechte Abschätzungen mit nur groben Schranken für das gesuchte Ergebnis zu.

Zur Erweiterung und Vertiefung der in diesem Abschnitt gebrachten Fehlerbetrachtungen empfehlen wir [16], [28].

Hauptgegenstand der numerischen Mathematik sind die Bereitstellung von Lösungsalgorithmen (im allgemeinen Näherungsverfahren) und die Erforschung ihrer Eigenschaften. Die Untersuchung der Verfahrensfehler stand dabei bis zur Mitte des 20. Jahrhunderts im Vordergrund; mit der Einführung der Computer erlangte die Untersuchung der Stabilität große Bedeutung.

In den folgenden Abschnitten wenden wir uns speziellen numerischen Problemstellungen zu. Wir stellen uns das Ziel, die wichtigsten Grundbegriffe und Verfahren der numerischen Mathematik unter Berücksichtigung ihrer Eignung in der maschinellen Rechentechnik zu vermitteln und den Leser zu befähigen, für in der Praxis auftretende Probleme geeignete numerische Verfahren zu finden und anwenden zu können.

2. Lösung von Gleichungssystemen und Gleichungen

2.1. Zur numerischen Lösung nichtlinearer Gleichungssysteme

2.1.1. Problemstellung; einleitende Bemerkungen

Die numerische Bestimmung der Lösungen von Gleichungssystemen und Gleichungen stellt einen wesentlichen Komplex innerhalb der numerischen Mathematik dar. Wir wenden uns zuerst der allgemeinen Problemstellung der Lösung beliebiger, d. h. nichtlinearer Gleichungssysteme zu, werden hier allgemeine Vorgehensweisen demonstrieren und dann durch Spezialisierung Lösungsverfahren für eine Gleichung und für lineare Gleichungssysteme gewinnen und darlegen.

Gesucht seien die reellen Werte der Veränderlichen $x_1, x_2, \ldots, x_n$, die das Gleichungssystem

$$f_i(x_1, x_2, \ldots, x_n) = 0, \qquad i = 1, 2, \ldots, n, \tag{2.1}$$

befriedigen. Dabei seien die f_i, $i = 1, 2, \ldots, n$, gegebene reellwertige Funktionen der n Veränderlichen; sie seien nicht alle linear und sollen stetige partielle Ableitungen genügend hoher Ordnung besitzen. Falls wie in dem System (2.1) die Zahl der Gleichungen mit der der Unbekannten übereinstimmt, heißt das nichtlineare Gleichungssystem *normal*. Wir werden hier nur normale Systeme betrachten. Normale, nichtlineare Gleichungssysteme können keine, genau eine, mehrere oder sogar unendlich viele Lösungen besitzen.

Da es einerseits keine universell geeignete Methode zur Lösung normaler nichtlinearer Gleichungssysteme gibt, andererseits diese Systeme in den modernen Anwendungen der Mathematik eine immer größere Rolle spielen, wurde vor allem in der neueren Zeit eine große Zahl von speziellen Verfahren zur Lösung solcher Systeme entwickelt.

Bevor wir zur Behandlung von Lösungsmethoden übergehen, wollen wir uns ein Beispiel für das Auftreten nichtlinearer Gleichungssysteme ansehen.

Beispiel 2.1: Ein Körper vom Gewicht G hängt an zwei elastischen Seilen, die an zwei Punkten befestigt sind. Diese Punkte liegen in gleicher Höhe und haben den Abstand a voneinander. Die spannungslose Länge des ersten Seiles ist p_1, die des zweiten p_2; die elastische Konstante beider Seile ist c.

Der Neigungswinkel des ersten Seils wird mit x und der des zweiten mit y bezeichnet. Zur Bestimmung von x und y findet man dann folgende Gleichungen:

$$f_1(x, y) = \sin x - \frac{G}{ac} \cos x - \frac{p_2}{a} \sin (x + y) = 0,$$
$$f_2(x, y) = \sin y - \frac{G}{ac} \cos y - \frac{p_1}{a} \sin (x + y) = 0.$$

Mit $G = 80\,\text{N}$, $a = 10{,}00\,\text{m}$, $p_1 = 5{,}00\,\text{m}$, $p_2 = 3{,}35\,\text{m}$ und $c = 50\,\dfrac{\text{N}}{\text{m}}$ lauten sie

$$\begin{aligned}
f_1(x, y) &= \sin x - 0{,}160 \cos x - 0{,}335 \sin (x + y) = 0, \\
f_2(x, y) &= \sin y - 0{,}160 \cos y - 0{,}500 \sin (x + y) = 0.
\end{aligned} \tag{2.2}$$

Für das Auftreten nichtlinearer Gleichungssysteme ließe sich noch eine Reihe weiterer Beispiele angeben. Erwähnt sei nur noch, daß z. B. die notwendigen Bedingungen für ein Extremum einer nichtlinearen Funktion mehrerer Veränderlicher i. allg. ein nichtlineares Gleichungssystem darstellen und daß bei der Behandlung von Randwertproblemen bei

nichtlinearen Differentialgleichungen mit dem Differenzenverfahren (siehe Abschnitt 5.)
nichtlineare Gleichungssysteme zu lösen sind. Wenden wir uns nun einigen Lösungsverfahren zu.

2.1.2. Eliminationsverfahren

Man wird meist versuchen, die Anzahl der Gleichungen des Systems (2.1) zu reduzie-
ren.

Wenn es gelingt, irgendeine Gleichung des Systems (2.1) explizit nach einer Unbekannten, z. B. x_1, aufzulösen, erhalten wir dann durch Substitution dieses Ausdruckes für
x_1 in allen anderen Gleichungen $n - 1$ Gleichungen mit $n - 1$ Unbekannten:

$$q_i(x_2, x_3, \ldots, x_n) = 0, \qquad i = 1, 2, \ldots, n - 1.$$

Gelingt uns aus einer Gleichung dieses Systems wieder die Auflösung nach einer Unbekannten, erhalten wir ein System von $n - 2$ Gleichungen mit $n - 2$ Unbekannten. So fort-
fahrend, finden wir nach $n - 1$ Schritten eine Gleichung mit einer Unbekannten, aus deren Lösung wir rückwärts die zugehörigen Werte der anderen Unbekannten bestimmen
können.

In der Regel wird dieses Vorgehen jedoch nicht vollständig durchführbar sein; es blei-
ben dann s Gleichungen mit s Unbekannten übrig $(s < n)$.

2.1.3. Iterationsverfahren

Iterationsverfahren sind Verfahren der *schrittweisen Annäherung*. Aus einer vorgegebenen Näherung für die Lösung wird durch Anwendung einer *Iterationsvorschrift* eine weitere Näherung berechnet, auf diese wird dann wieder die Iterationsvorschrift angewandt
usw. Es wird somit eine Folge konstruiert, deren Elemente als Näherungen für die jeweils
gesuchte Lösung angesehen werden können. Wichtigste Fragen bei der Anwendung eines
Iterationsverfahrens sind die Beschaffung der *Anfangsnäherung* und die Untersuchung, ob
die zu berechnende Folge von Näherungen gegen die gesuchte Lösung konvergiert.

Zur Anwendung eines Iterationsverfahrens wird das System (2.1) auf folgende Form gebracht:

$$x_i = \varphi_i(x_1, x_2, \ldots, x_n), \qquad i = 1, 2, \ldots, n. \tag{2.3}$$

Die Operationen, durch die diese Transformation realisiert wird, können beliebiger Art
sein, es ist nur erforderlich, daß jede Lösung des Systems (2.1) dem System (2.3) genügt.
Es wird vorausgesetzt, daß die Funktionen φ_i, $i = 1, 2, \ldots, n$, in der Umgebung der gesuchten Lösungen genügend oft stetig differenzierbar sind.

2.1.3.1. Iterationsverfahren in Gesamtschritten

Ausgehend von einer gegebenen Anfangsnäherung $x_i = x_i^{(0)}$, $i = 1, 2, \ldots, n$, für die gesuchte Lösung $x_i = \alpha_i$, wird nach der Iterationsvorschrift

$$x_i^{(k+1)} = \varphi_i(x_1^{(k)}, x_2^{(k)}, \ldots, x_n^{(k)}), \tag{2.4}$$
$$i = 1, 2, \ldots, n; \qquad k = 0, 1, 2, \ldots,$$

eine Folge von n-Tupeln $(x_1^{(k)}, x_2^{(k)}, \ldots, x_n^{(k)})$ konstruiert.

(Die zur Zählung der Verfahrensschritte benutzten Hochzahlen werden in Klammern
gesetzt, um sie von Exponenten im Sinne der Potenzrechnung zu unterscheiden.)

Wenn für $k \to \infty$ $x_i^{(k)} \to \alpha_i$ gilt, so sagt man, daß das Iterationsverfahren zur gesuchten

Lösung konvergiert. Das Iterationsverfahren in Gesamtschritten konvergiert, wenn eines der folgenden *Kriterien* erfüllt ist:

$$\left|\frac{\partial\varphi_i}{\partial x_1}\right|+\left|\frac{\partial\varphi_i}{\partial x_2}\right|+\ldots+\left|\frac{\partial\varphi_i}{\partial x_n}\right|<1,\qquad i=1,2,\ldots,n,\tag{2.5}$$

$$\left|\frac{\partial\varphi_1}{\partial x_i}\right|+\left|\frac{\partial\varphi_2}{\partial x_i}\right|+\ldots+\left|\frac{\partial\varphi_n}{\partial x_i}\right|<1,\qquad i=1,2,\ldots,n,\tag{2.6}$$

wobei die Ableitungen an der Stelle $x_1=\alpha_1$, $x_2=\alpha_2$, $\ldots$, $x_n=\alpha_n$ zu bilden sind. Weil die α_1, α_2, $\ldots$, α_n unbekannt sind, werden dafür die $x_1^{(0)}$, $x_2^{(0)}$, $\ldots$, $x_n^{(0)}$ benutzt; diese Werte müssen aber genügend nahe der Lösung liegen.

Verwenden wir die *Vektorschreibweise*

$$(x_1, x_2, \ldots, x_n)^T = \mathbf{x};\qquad (\alpha_1, \alpha_2, \ldots, \alpha_n)^T = \boldsymbol{\alpha};$$
$$(\varphi_1, \varphi_2, \ldots, \varphi_n)^T = \boldsymbol{\varphi},$$

so können die Gleichungen (2.4) in der Form

$$\mathbf{x}^{(k+1)} = \boldsymbol{\varphi}(\mathbf{x}^{(k)})$$

geschrieben werden. Für eine Lösung $\boldsymbol{\alpha}$ des Systems (2.1) gilt die Gleichung

$$\boldsymbol{\alpha} = \boldsymbol{\varphi}(\boldsymbol{\alpha}),$$

d. h., $\boldsymbol{\alpha}$ ist ein *Fixpunkt* (unveränderlicher Punkt) der Abbildung (Funktion) $\boldsymbol{\varphi}$. In der *Funktionalanalysis* werden unter allgemeinen Voraussetzungen sogenannte *Fixpunktsätze* bewiesen, die u. a. Aussagen über die Konvergenz des Iterationsverfahrens gegen einen Fixpunkt enthalten. Unsere obigen Konvergenzaussagen sind Spezialfälle eines solchen Fixpunktsatzes.

Schwierigkeiten bei der Lösung nichtlinearer Gleichungssysteme entstehen bei der Bestimmung einer Anfangsnäherung für die Lösung, weil fast alle Verfahren nur zum Ziele führen, wenn die Anfangsnäherung genügend nahe bei der Lösung liegt. Bei zwei Gleichungen mit zwei Unbekannten finden Sie eine Anfangsnäherung leicht graphisch, sonst ist man auf eine umfassende Tabellierung der Funktionen $f_j(x_1, x_2, \ldots, x_n)$, $j = 1, 2, \ldots, n$, angewiesen. Bei angewandten Problemstellungen läßt sich oft aus praktischen Überlegungen der Bereich, in dem die gesuchte Lösung liegt, genügend genau eingrenzen.

Beispiel 2.2: Von dem nichtlinearen Gleichungssystem
$$f_1(x_1, x_2) = 2x_1^2 - x_1 x_2 - 5x_1 + 1 = 0,$$
$$f_2(x_1, x_2) = x_1 + 3\lg x_1 - x_2^2 = 0$$
ist die bei $x_1 = 3{,}4$, $x_2 = 2{,}2$ liegende Lösung auf zwei Dezimalen nach dem Komma genau zu bestimmen.

Wir bringen das System auf folgende Weise auf die Form (2.3):

$$x_1 = \pm\sqrt{\frac{1}{2}(x_1(5 + x_2) - 1)} = \varphi_1(x_1, x_2),$$
$$x_2 = \pm\sqrt{x_1 + 3\lg x_1} = \varphi_2(x_1, x_2).$$

Da wir eine positive Lösung suchen, werden im folgenden nur Wurzeln mit positivem Vorzeichen betrachtet. Es gibt eine Vielzahl von anderen Umformungen; wichtig ist, daß man eine Umformung findet, für die ein Konvergenzkriterium erfüllt ist.

Für $x_1^{(0)} = 3{,}4$ und $x_2^{(0)} = 2{,}2$ gilt

$$\left|\frac{\partial\varphi_1}{\partial x_1}\right| = 0{,}53,\qquad \left|\frac{\partial\varphi_1}{\partial x_2}\right| = 0{,}25,\qquad \left|\frac{\partial\varphi_2}{\partial x_1}\right| = 0{,}62,\qquad \left|\frac{\partial\varphi_2}{\partial x_2}\right| = 0,$$

damit ist das Konvergenzkriterium (2.5) erfüllt. (Zur Sicherung der Konvergenz ist schon die Erfüllung eines dieser Kriterien ausreichend.)

Die Iterationsvorschrift (2.4) lautet

$$x_1^{(k+1)} = \sqrt{\frac{1}{2}\,(x_1^{(k)}\,(5 + x_2^{(k)}) - 1}\,,$$

$$x_2^{(k+1)} = \sqrt{x_1^{(k)} + 3\lg x_1^{(k)}}\,, \qquad k = 0, 1, 2, \ldots$$

Beginnend mit $x_1^{(0)} = 3,4$ und $x_2^{(0)} = 2,2$ erhalten wir folgende Werte (wegen der oben geforderten Genauigkeit muß die Rechnung mit drei Dezimalen nach dem Komma durchgeführt werden):

$$x_1^{(1)} = \sqrt{\frac{1}{2}\,(3,4\,(5 + 2,2) - 1)} = 3,426; \qquad x_2^{(1)} = \sqrt{3,4 + 3\lg 3,4} = 2,235;$$

$$x_1^{(2)} = \sqrt{\frac{1}{2}\,(3,426\,(5 + 2,235) - 1)} = 3,457; \qquad x_2^{(2)} = \sqrt{3,426 + 3\lg 3,426} = 2,243;$$

$$x_1^{(3)} = 3,464; \qquad\qquad\qquad x_2^{(3)} = 2,252;$$
$$x_1^{(4)} = 3,476; \qquad\qquad\qquad x_2^{(4)} = 2,256;$$
$$x_1^{(5)} = 3,480; \qquad\qquad\qquad x_2^{(5)} = 2,258;$$
$$x_1^{(6)} = 3,483; \qquad\qquad\qquad x_2^{(6)} = 2,259;$$
$$x_1^{(7)} = 3,483; \qquad\qquad\qquad x_2^{(7)} = 2,260;$$
$$x_1^{(8)} = 3,483; \qquad\qquad\qquad x_2^{(8)} = 2,260.$$

Durch Runden erhalten wir das gesuchte Ergebnis

$$\alpha_1 = 3,48, \qquad \alpha_2 = 2,26.$$

Wenn man dieses Iterationsverfahren auf *eine Gleichung mit einer Unbekannten* $f(x) = 0$ anwendet, dann lautet die Iterationsvorschrift

$$x^{(k+1)} = \varphi(x^{(k)}), \qquad k = 0, 1, 2, \ldots,$$

und Konvergenz liegt vor, wenn

$$|\varphi'(\alpha)| < 1$$

gilt.

* *Aufgabe 2.1:* Lösen Sie das nichtlineare Gleichungssystem aus Beispiel 2.1 mit den leicht aus einer Skizze zu ermittelnden Anfangsnäherungen $x^{(0)} = 30°$, $y^{(0)} = 30°$ und der Umformung

$$x = \arcsin[0,160 \cos x + 0,335 \sin(x + y)],$$
$$y = \arcsin[0,160 \cos y + 0,500 \sin(x + y)].$$

Die Konvergenz sei gesichert. Die Lösung wird auf zwei Dezimalen nach dem Komma genau gewünscht.

2.1.3.2. Iterationsverfahren in Einzelschritten

Dieses Verfahren unterscheidet sich von der Iteration in Gesamtschritten lediglich durch die folgendermaßen veränderte Iterationsvorschrift:

$$x_i^{(k+1)} = \varphi_i(x_1^{(k+1)}, x_2^{(k+1)}, \ldots, x_{i-1}^{(k+1)}, x_i^{(k)}, \ldots, x_n^{(k)}), \qquad (2.7)$$
$$i = 1, 2, \ldots, n; \qquad k = 0, 1, 2, \ldots$$

Hierbei setzt man also rechts für jede Veränderliche jeweils den letzten für sie erhaltenen Wert ein. Die Konvergenzbedingungen dieses Verfahrens sind verschieden von denen des Iterationsverfahrens in Gesamtschritten, auf sie wollen wir hier nicht eingehen.

* *Aufgabe 2.2:* Behandeln Sie das nichtlineare Gleichungssystem aus Beispiel 2.2 mit den dort gemachten Angaben mit dem Iterationsverfahren in Einzelschritten!

2.1.3.3. Verfahren von Newton-Raphson

Bei der Darlegung dieses Verfahrens beschränken wir uns auf zwei Gleichungen mit zwei Unbekannten, um Schreibarbeit zu sparen:

$$f_1(x_1, x_2) = 0,$$
$$f_2(x_1, x_2) = 0.$$

Es sei wieder $x_1^{(0)}$, $x_2^{(0)}$ eine erste Näherung für die gesuchte Lösung α_1, α_2. Durch Taylor-Entwicklung der Funktionen $f_1(x_1, x_2)$, $f_2(x_1, x_2)$ an der „Stelle" $(x_1^{(0)}, x_2^{(0)})$ und Vernachlässigung der Potenzen von $(x_i - x_i^{(0)})$, $i = 1, 2$, deren Exponenten größer als eins sind, finden wir folgende Darstellung:

$$f_1(x_1, x_2) \approx f_1(x_1^{(0)}, x_2^{(0)}) + \frac{\partial f_1}{\partial x_1}(x_1^{(0)}, x_2^{(0)}) (x_1 - x_1^{(0)})$$
$$+ \frac{\partial f_1}{\partial x_2}(x_1^{(0)}, x_2^{(0)}) (x_2 - x_2^{(0)}) = 0,$$

$$f_2(x_1, x_2) \approx f_2(x_1^{(0)}, x_2^{(0)}) + \frac{\partial f_2}{\partial x_1}(x_1^{(0)}, x_2^{(0)}) (x_1 - x_1^{(0)})$$
$$+ \frac{\partial f_2}{\partial x_2}(x_1^{(0)}, x_2^{(0)}) (x_2 - x_2^{(0)}) = 0.$$

Wir setzen $x_i - x_i^{(0)} = \Delta x_i^{(0)}$, $i = 1, 2$, und erhalten zur Bestimmung der sog. *Korrekturen* $\Delta x_i^{(0)}$ das *lineare Gleichungssystem*

$$\frac{\partial f_1}{\partial x_1}(x_1^{(0)}, x_2^{(0)}) \Delta x_1^{(0)} + \frac{\partial f_1}{\partial x_2}(x_1^{(0)}, x_2^{(0)}) \Delta x_2^{(0)} = -f_1(x_1^{(0)}, x_2^{(0)}),$$
$$\frac{\partial f_2}{\partial x_1}(x_1^{(0)}, x_2^{(0)}) \Delta x_1^{(0)} + \frac{\partial f_2}{\partial x_2}(x_1^{(0)}, x_2^{(0)}) \Delta x_2^{(0)} = -f_2(x_1^{(0)}, x_2^{(0)}).$$

$$(2.8)$$

Hat man dieses lineare Gleichungssystem gelöst, findet man als neue Näherungslösung (wegen des Fehlers bei der Linearisierung ist es noch nicht die exakte Lösung)

$$x_1^{(1)} = x_1^{(0)} + \Delta x_1^{(0)}, \qquad x_2^{(1)} = x_2^{(0)} + \Delta x_2^{(0)}.$$

Nun wird die Taylor-Entwicklung wiederholt, jetzt an der „Stelle" $(x_1^{(1)}, x_2^{(1)})$, und wir kommen mit $\Delta x_i^{(1)} = x_i - x_i^{(1)}$ zu dem linearen Gleichungssystem zur Bestimmung der $\Delta x_i^{(1)}$:

$$\frac{\partial f_1}{\partial x_1}(x_1^{(1)}, x_2^{(1)}) \Delta x_1^{(1)} + \frac{\partial f_1}{\partial x_2}(x_1^{(1)}, x_2^{(1)}) \Delta x_2^{(1)} = -f_1(x_1^{(1)}, x_2^{(1)}),$$
$$\frac{\partial f_2}{\partial x_1}(x_1^{(1)}, x_2^{(1)}) \Delta x_1^{(1)} + \frac{\partial f_2}{\partial x_2}(x_1^{(1)}, x_2^{(1)}) \Delta x_2^{(1)} = -f_2(x_1^{(1)}, x_2^{(1)}).$$

$$(2.9)$$

Als neue Näherungslösung finden wir

$$x_1^{(2)} = x_1^{(1)} + \Delta x_1^{(1)}, \qquad x_2^{(2)} = x_2^{(1)} + \Delta x_2^{(1)}.$$

Entsprechend wird das Verfahren fortgesetzt. Das im $(k + 1)$-ten Schritt zu lösende lineare Gleichungssystem lautet

$$\frac{\partial f_1}{\partial x_1}(x_1^{(k)}, x_2^{(k)}) \Delta x_1^{(k)} + \frac{\partial f_1}{\partial x_2}(x_1^{(k)}, x_2^{(k)}) \Delta x_2^{(k)} = -f_1(x_1^{(k)}, x_2^{(k)}),$$
$$\frac{\partial f_2}{\partial x_1}(x_1^{(k)}, x_2^{(k)}) \Delta x_1^{(k)} + \frac{\partial f_2}{\partial x_2}(x_1^{(k)}, x_2^{(k)}) \Delta x_2^{(k)} = -f_2(x_1^{(k)}, x_2^{(k)}).$$

Als neue Näherungslösung ergibt sich

$$x_1^{(k+1)} = x_1^{(k)} + \Delta x_1^{(k)}, \qquad x_2^{(k+1)} = x_2^{(k)} + \Delta x_2^{(k)}.$$

Nach der ausführlichen Darlegung des Verfahrens für zwei Gleichungen bereitet es sicher keine Schwierigkeiten, das Verfahren auf größere Systeme anzuwenden. Die auftretenden linearen Gleichungssysteme sind durch geeignete numerische Verfahren, wie sie in Abschnitt 2.4. dargelegt werden, zu lösen.

Die Konvergenz des Verfahrens von Newton-Raphson ist schwierig nachzuweisen. Es läßt sich zeigen, daß das Verfahren von Newton-Raphson konvergiert, wenn die im Verfahren auftretenden linearen Gleichungssysteme lösbar sind, d. h., wenn die sog. *Jacobische Matrix*

$$\mathbf{J}(x) = \begin{pmatrix} \dfrac{\partial f_1}{\partial x_1} \cdots \dfrac{\partial f_1}{\partial x_n} \\ \vdots \qquad \vdots \\ \dfrac{\partial f_n}{\partial x_1} \cdots \dfrac{\partial f_n}{\partial x_n} \end{pmatrix}$$

an den einzelnen Iterationspunkten nichtsingulär ist und die Anfangsnäherung genügend nahe bei der Lösung ist.

Beispiel 2.3: Wir wollen das nichtlineare Gleichungssystem aus Beispiel 2.1 mit dem Verfahren von Newton-Raphson lösen:

$$f_1(x, y) = \sin x - 0{,}160 \cos x - 0{,}335 \sin (x + y) = 0,$$
$$f_2(x, y) = \sin y - 0{,}160 \cos y - 0{,}500 \sin (x + y) = 0,$$
$$x^{(0)} = 30°, \, y^{(0)} = 30°.$$

Als erstes berechnen wir die Ableitungen der Funktionen f_1 und f_2:

$$\frac{\partial f_1}{\partial x} = \cos x + 0{,}160 \sin x - 0{,}335 \cos (x + y),$$

$$\frac{\partial f_1}{\partial y} = -0{,}335 \cos (x + y),$$

$$\frac{\partial f_2}{\partial x} = -0{,}500 \cos (x + y),$$

$$\frac{\partial f_2}{\partial y} = \cos y + 0{,}160 \sin y - 0{,}500 \cos (x + y).$$

Wegen $\dfrac{\partial f_1}{\partial x} = 0{,}778$, $\dfrac{\partial f_1}{\partial y} = -0{,}168$, $\dfrac{\partial f_2}{\partial x} = -0{,}250$, $\dfrac{\partial f_2}{\partial y} = 0{,}696$, $f_1 = 0{,}0713$ und $f_2 = -0{,}0716$ an der Stelle $(x^{(0)}, y^{(0)})$ lautet das Gleichungssystem (2.8)

$$0{,}778 \, \Delta x^{(0)} - 0{,}168 \, \Delta y^{(0)} = -0{,}0713,$$
$$-0{,}250 \, \Delta x^{(0)} + 0{,}696 \, \Delta y^{(0)} = 0{,}0716,$$

daraus folgt $\Delta x^{(0)} = -0{,}0752 = -4{,}31°$, $\Delta y^{(0)} = 0{,}0759 = 4{,}35°$ und $x^{(1)} = 25{,}69°$, $y^{(1)} = 34{,}35°$. Wiederholen wir die Rechnung mit $x^{(1)}$ und $y^{(1)}$, finden wir als Gleichungssystem (2.9)

$$0{,}803 \, \Delta x^{(1)} - 0{,}168 \, \Delta y^{(1)} = 0{,}0009,$$
$$-0{,}250 \, \Delta x^{(1)} + 0{,}666 \, \Delta y^{(1)} = 0{,}0011,$$

hieraus folgt $x^{(1)} = 0{,}0016 = 0{,}09°$, $y^{(1)} = 0{,}0022 = 0{,}13°$ und $x^{(2)} = 25{,}78°$, $y^{(2)} = 34{,}48°$.

Hier brechen wir das Verfahren ab, beim Weiterrechnen kommt es auf Grund der Rundungsfehler nur noch zu geringfügigen alternierenden Änderungen in der 2. Dezimalen nach dem Komma

$$(x^{(3)} = 25{,}79°, \, y^{(3)} = 34{,}49°, \, x^{(4)} = 25{,}78°, \, y^{(4)} = 34{,}47°).$$

Die gesuchte Lösung lautet nach Rundung: $\alpha_1 = 25{,}8°$, $\alpha_2 = 34{,}5°$.

Im Falle der Konvergenz führt bei gleicher Anfangsnäherung das Verfahren von Newton-Raphson schneller zur Lösung als das Iterationsverfahren in Gesamtschritten, es hat eine größere *Konvergenzgeschwindigkeit*. Als Maßzahl für die Konvergenzgeschwindigkeit verwendet man die sogenannte *Ordnung der Konvergenz:* Eine Folge $\{x^{(k)}\}$ konvergiert von der Ordnung $p \geqq 1$ gegen einen Grenzwert α, wenn es eine Konstante C gibt mit

$$| x^{(k+1)} - \alpha| \leqq C| x^{(k)} - \alpha|^p, \qquad k = 0, 1, 2, \ldots$$

(Im Fall $p = 1$ sei $C < 1$.) Die Ordnung der Konvergenz beträgt beim Verfahren von Newton-Raphson 2 und beim Iterationsverfahren in Gesamtschritten 1.

Liegt *eine Gleichung mit einer Unbekannten* $f(x) = 0$ vor, so liefert die Linearisierung mittels Taylor-Entwicklung

$$f(x) \approx f(x^{(k)}) + f'(x^{(k)}) \, (x - x^{(k)}) = 0,$$

und die Iterationsvorschrift lautet damit

$$x^{(k+1)} = x^{(k)} - \frac{f(x^{(k)})}{f'(x^{(k)})}, \qquad f'(x^{(k)}) \neq 0, \qquad k = 0, 1, 2, \ldots$$

Dieses Verfahren gehört zu den bekanntesten Verfahren zur Lösung einer Gleichung mit einer Unbekannten (siehe Band 2 dieses Lehrwerkes).
Es ist bekannt als Tangentennäherungs- oder Newton-Verfahren.

Aufgabe 2.3: Bestimmen Sie die in der Nähe von $x_1 = 0{,}4$ und $x_2 = 0{,}9$ liegende Lösung des nichtli- ∗ nearen Gleichungssystems

$$4x_1^2 + x_2^2 + 2x_1x_2 - x_2 - 2 = 0,$$
$$2x_1^2 + 3x_1x_2 + x_2^2 - 3 = 0$$

mit dem Verfahren von Newton-Raphson; geben Sie $x_1^{(2)}$ und $x_2^{(2)}$ auf 5 Dezimalen nach dem Komma genau an!

2.1.4. Minimierungsverfahren

Bei diesem Verfahren wird das Problem der Bestimmung der Lösungen des nichtlinearen Gleichungssystems (2.1) ersetzt durch das Problem der Bestimmung der Minima einer *Testfunktion* $F(x_1, x_2, \ldots, x_n)$, die so gewählt wird, daß sie genau für die Lösungen des Gleichungssystems ein *Minimum vom Werte Null* annimmt. Als Testfunktion ist z. B. geeignet:

$$F(x_1, x_2, \ldots, x_n) = \sum_{i=1}^{n} [f_i(x_1, x_2, \ldots, x_n)]^2.$$

Die Bestimmung der Minima der Testfunktion kann nicht auf klassischem Wege geschehen, weil die notwendigen Bedingungen für ein Extremum einer Funktion mehrerer Veränderlicher i. allg. ein nichtlineares Gleichungssystem darstellen, sondern es sind die aus der Optimierung dafür bekannten Verfahren (z. B. Gradientenverfahren), die auch Anfangsnäherungen benötigen, zu verwenden.

2.2. Zur numerischen Lösung nichtlinearer Gleichungen

Für die numerische Bestimmung der Lösungen einer beliebigen nichtlinearen Gleichung mit einer Unbekannten $f(x) = 0$ existieren im wesentlichen drei grundlegende Verfahren:

 a) die bekannte regula falsi (Verfahren des Eingabelns),
 b) das gewöhnliche Iterationsverfahren (siehe Abschnitt 2.1.3.1.),
 c) das Newton-Verfahren (siehe Abschnitt 2.1.3.3.).

Ist die nichtlineare Gleichung speziell eine algebraische Gleichung (Polynomgleichung) m-ten Grades,

$$p(x) = a_0 + a_1 x + a_2 x^2 + \ldots + a_m x^m = 0, \qquad a_m \neq 0, \tag{2.10}$$

so existieren für $m = 1, 2, 3, 4$ exakte Lösungsformeln, die für $m = 3$ und $m = 4$ in ihrer Anwendung allerdings schon so kompliziert sind, daß man in diesen Fällen meist auf numerische Verfahren zurückgreift. Die obengenannten drei Verfahren zur Lösung nichtlinearer Gleichungen sind auf algebraische Gleichungen natürlich anwendbar, liefern aber jeweils nur eine Lösung. Dagegen liefert das speziell für algebraische Gleichungen entwikkelte Verfahren von Graeffe sämtliche m Lösungen (in ihrer Vielfachheit gezählt). Bezüglich dieses Verfahrens verweisen wir auf die Literatur, z. B. [28].

Den speziellen Gegebenheiten der Nullstellensuche bei Polynomen trägt auch das Verfahren von Bairstow [30] Rechnung.

Als weitere Verfahren zur Lösung einer Gleichung sind auch Halbierungsverfahren gebräuchlich. Wir legen hier im folgenden ein spezielles Halbierungsverfahren für algebraische Gleichungen dar, wobei wir zu seiner Begründung die Intervallarithmetik benutzen, da diese auch für Fehlerbetrachtungen zunehmend an Bedeutung gewinnt.

In der Intervallarithmetik werden die für die Menge $\mathbf{R}$ der reellen Zahlen in bekannter Weise erklärten *Verknüpfungen* folgendermaßen auf die Menge $J(\mathbf{R})$ aller abgeschlossenen und beschränkten Intervalle erweitert:

$$[a_1, a_2] + [b_1, b_2] = [a_1 + b_1, a_2 + b_2], \text{ z. B. } [1, 3] + [-4, -1] = [-3, 2],$$

$$[a_1, a_2] - [b_1, b_2] = [a_1 - b_2, a_2 - b_1], \text{ z. B. } [1, 3] - [-4, -1] = [2, 7],$$

$$[a_1, a_2] \cdot [b_1, b_2] = \left[\min_{i,j}(a_i b_j), \max_{i,j}(a_i b_j)\right], \text{ z. B. } [-2, 1] \cdot [2, 4] = [-8, 4],$$

$$[a_1, a_2] : [b_1, b_2] = [a_1, a_2] \cdot \left[\frac{1}{b_2}, \frac{1}{b_1}\right] \quad (b_1 > 0 \text{ oder } b_2 < 0),$$

$$\text{z. B. } [-2, 5] : [2, 3] = \left[-1, \frac{5}{2}\right].$$

Wenn man das Intervall $[a, a]$ mit der reellen Zahl a identifiziert, gehen die Intervallverknüpfungen in die gewöhnlichen Verknüpfungen reeller Zahlen über. Es seien A, B, C Intervalle aus $J(\mathbf{R})$; dann gelten für die oben definierten Verknüpfungen folgende Gesetze

$$A + B = B + A, \qquad A + (B + C) = (A + B) + C,$$

$$A \cdot B = B \cdot A, \qquad A \cdot (B \cdot C) = (A \cdot B) \cdot C.$$

Für viele Anwendungen ist es erforderlich, für die Funktionswerte einer stetigen Funktion $f(x)$ auf dem Intervall $X = [x_1, x_2]$ eine *Intervallabschätzung* $U(f, X) = [u_1, u_2]$ mit $U \supset \{f(x) \mid x \in X\}$ zu finden. Für ein Polynom $p(x) = a_0 + a_1 x + \ldots + a_m x^m$ ist

$$U(p, X) = [a_0, a_0] + [a_1, a_1] X + \ldots + [a_m, a_m] X^m \quad (X^m = X \cdot X \ldots X, \ m\text{-mal}) \tag{2.11}$$

eine solche Intervallabschätzung der Funktionswerte auf dem Intervall X. Diese Intervallabschätzung besitzt folgende Eigenschaften:

1) Für alle $X \in J(\mathbf{R})$ gilt $\{p(x) \mid x \in X\} \subset U(p, X)$.
2) Aus $X \subset Y$ folgt stets $U(p, X) \subset U(p, Y)$.
3) Aus der Konvergenz einer Folge $X_1 \supset X_2 \supset X_3 \supset \ldots$ gegen eine reelle Zahl $x = [x, x]$ folgt die Konvergenz der Folge der Abschätzungen $U(p, X_1) \supset U(p, X_2) \supset \ldots$ gegen den Funktionswert $p(x)$.

Nun sei die Aufgabe vorgelegt, für eine algebraische Gleichung (2.10) sämtliche reellen Lösungen α_k, welche diese in einem vorgegebenen Intervall $X = [x_1, x_2]$ besitzt, einzeln beliebig genau in Intervalle $[x_{k1}, x_{k2}]$ einzuschließen (unter Benutzung von Abschätzungsformeln der Algebra läßt sich mit Hilfe der Koeffizienten $a_0, a_1, \ldots, a_m$ stets ein Intervall X angeben, in dem sämtliche Lösungen der algebraischen Gleichung liegen).

Beim Halbierungsverfahren berechnet man als erstes die Intervallabschätzung $U(p, X)$ gemäß (2.11). Gilt $0 \notin U(p, X)$, dann hat wegen der Eigenschaft 1) $p(x)$ keine Nullstelle (und damit die algebraische Gleichung keine Lösung) in X. Andernfalls wird $X = [x_1, x_2]$ in seine beiden Hälften $X_1 = \left[x_1, \dfrac{x_1 + x_2}{2}\right]$ und $X_2 = \left[\dfrac{x_1 + x_2}{2}, x_2\right]$ zerlegt, $U(p, X_1)$ sowie $U(p, X_2)$ berechnet und wieder geprüft, ob $0 \in U(p, X_1)$ bzw. $0 \in U(p, X_2)$. Gilt für eines der Intervalle X_i mit $0 \notin U(p, X_i)$, so scheidet dieses aus, denn dann ist sicher, daß es keine Nullstelle von $p(x)$ enthält. Für diejenigen X_i, für welche $0 \in U(p, X_i)$ gilt, wird das Verfahren entsprechend fortgesetzt. Die Eigenschaft 2) sichert, daß die eventuell vorhandenen Nullstellen von $p(x)$ in immer kleiner werdende Intervalle eingeschachtelt werden, wegen der Eigenschaft 3) werden dabei als Grenzwert genau alle reellen Nullstellen von $p(x)$ in X berechnet.

Beispiel 2.4: Es sollen die reellen Lösungen der algebraischen Gleichung $p(x) = 2 - 3x + x^3$ im Intervall $X = [-1, 1]$ mit dem Halbierungsverfahren bestimmt werden.

1. Schritt: Wir finden

$$U(p, X) = U(p, [-1, 1]) = [2, 2] - [3, 3] \cdot [-1, 1] + [-1, 1]^3 = [-2, 6].$$

Wegen $0 \in [-2, 6]$ wird das Verfahren mit diesem Intervall fortgesetzt.

2. Schritt: Wir zerlegen $X = [-1, 1]$ in seine beiden Hälften $X_1 = [-1, 0]$, $X_2 = [0, 1]$ und finden $U(p, X_1) = [1, 5]$, $U(p, X_2) = [-1, 3]$. Wegen $0 \notin [1, 5]$ scheidet das Intervall X_1 aus, wegen $0 \in [-1, 3]$ wird das Verfahren mit X_2 fortgesetzt.

3. Schritt: Wir zerlegen $X_2 = [0, 1]$ in seine beiden Hälften $X_{21} = \left[0, \dfrac{1}{2}\right]$, $X_{22} = \left[\dfrac{1}{2}, 1\right]$ und finden

$$U(p, X_{21}) = \left[\frac{4}{8}, \frac{17}{8}\right], \quad U(p, X_{22}) = \left[-\frac{7}{8}, \frac{12}{8}\right]. \quad \text{Wegen } 0 \notin \left[\frac{4}{8}, \frac{17}{8}\right] \text{ scheidet das Intervall } X_{21} \text{ aus,}$$

wegen $0 \in \left[-\dfrac{7}{8}, \dfrac{12}{8}\right]$ wird das Verfahren mit X_{22} fortgesetzt.

Allgemein erhalten wir im n-ten Schritt als Nullstellen-Einschließungsintervall

$$X_{22\ldots2} = \left[1 - \frac{1}{2^{n-2}}, 1\right]; \text{ für } n \to \infty \text{ finden wir die Lösung } \alpha = 1.$$

Mit diesem Anwendungsbeispiel konnte die Vielfalt der Einsatzmöglichkeiten der Intervallrechnung in der numerischen Mathematik nur angedeutet werden. Über die Bedeutung dieser Vorgehensweise, insbesondere für die Erfassung und Verfolgung von Eingangsfehlern, wird ausführlich in [5] informiert.

2.3. Iterative Lösung linearer inhomogener Gleichungssysteme

Wir betrachten nun lineare inhomogene Gleichungssysteme von n Gleichungen mit n Unbekannten:

$$
\begin{aligned}
a_{11}x_1 + a_{12}x_2 + \ldots + a_{1n}x_n &= a_1, \\
a_{21}x_1 + a_{22}x_2 + \ldots + a_{2n}x_n &= a_2, \\
\vdots \qquad \vdots \qquad\qquad \vdots \qquad \vdots \\
a_{n1}x_1 + a_{n2}x_2 + \ldots + a_{nn}x_n &= a_n.
\end{aligned}
\tag{2.12}
$$

Für das System (2.12) schreiben wir kurz

$$\sum_{k=1}^{n} a_{ik}x_k = a_i, \qquad i = 1, 2, \ldots, n. \tag{2.13}$$

Zur Sicherung der eindeutigen Lösbarkeit setzen wir voraus, daß die Koeffizientendeterminante von Null verschieden ist.

Zur Anwendung des Iterationsverfahrens in Gesamtschritten formen wir Gleichung (2.13) um:

$$\sum_{k=1}^{n} a_{ik}x_k = \sum_{k=1}^{i-1} a_{ik}x_k + a_{ii}x_i + \sum_{k=i+1}^{n} a_{ik}x_k = a_i, \quad i = 1, 2, \ldots, n.$$

Daraus folgt:

$$x_i = -\frac{1}{a_{ii}} \left(\sum_{k=1}^{i-1} a_{ik}x_k + \sum_{k=i+1}^{n} a_{ik}x_k - a_i \right), \quad a_{ii} \neq 0, \quad i = 1, 2, \ldots, n. \tag{2.14}$$

Die rechte Seite von Gleichung (2.14) entspricht der Funktion φ_i bei nichtlinearen Systemen, die Forderung $a_{ii} \neq 0$, $i = 1, 2, \ldots, n$, läßt sich durch entsprechende Umordnung des Systems (2.12) infolge unserer Voraussetzung immer erfüllen. Ausgehend von einer Anfangsnäherung $x_i = x_i^{(0)}$, $i = 1, 2, \ldots, n$, der gesuchten Lösung $x_i = \alpha_i$ wird nach der Iterationsvorschrift

$$x_i^{(\nu+1)} = -\frac{1}{a_{ii}} \left(\sum_{k=1}^{i-1} a_{ik}x_k^{(\nu)} + \sum_{k=i+1}^{n} a_{ik}x_k^{(\nu)} - a_i \right), \quad i = 1, 2, \ldots, n, \tag{2.15}$$

eine Folge von Näherungswerten $(x_1^{(\nu)}, x_2^{(\nu)}, \ldots, x_n^{(\nu)})$ berechnet. Die hinreichenden Konvergenzkriterien (2.5) und (2.6) lauten jetzt

$$\mu_i = \sum_{k=1}^{i-1} \left| \frac{a_{ik}}{a_{ii}} \right| + \sum_{k=i+1}^{n} \left| \frac{a_{ik}}{a_{ii}} \right| < 1, \quad i = 1, 2, \ldots, n, \tag{2.16}$$
$$\text{(Zeilensummenkriterium)}$$

$$\overline{\mu}_k = \sum_{i=1}^{k-1} \left| \frac{a_{ik}}{a_{kk}} \right| + \sum_{i=k+1}^{n} \left| \frac{a_{ik}}{a_{kk}} \right| < 1, \quad k = 1, 2, \ldots, n \tag{2.17}$$
$$\text{(Spaltensummenkriterium)}.$$

Die Kriterien hängen nicht von der Anfangsnäherung ab; durch eine unglückliche Wahl der Anfangsnäherung wird also die Konvergenz nicht beeinflußt.

Beispiel 2.5: Für das lineare inhomogene Gleichungssystem

$$x_1 + \frac{3}{5}x_2 + \frac{3}{5}x_3 = \frac{8}{5},$$
$$\frac{1}{5}x_1 + x_2 + \frac{1}{5}x_3 = \frac{2}{5},$$
$$\frac{1}{5}x_1 + \frac{1}{5}x_2 + x_3 = 2$$

wollen wir, ausgehend von der Anfangsnäherung $x_1^{(0)} = x_2^{(0)} = x_3^{(0)} = 1$ drei Schritte mit dem Iterationsverfahren in Gesamtschritten durchführen. Das Verfahren konvergiert, weil das Spaltensummenkriterium erfüllt ist:

$$\overline{\mu}_1 = \frac{2}{5}, \overline{\mu}_2 = \frac{4}{5}, \overline{\mu}_3 = \frac{4}{5}.$$

(Das Zeilensummenkriterium ist nicht erfüllt.)

Wir berechnen nun nach Gleichung (2.15) die Näherungen

$$x_1^{(1)} = -\frac{1}{a_{11}}\,(a_{12}x_2^{(0)} + a_{13}x_3^{(0)} - a_1) = \frac{2}{5},$$

$$x_2^{(1)} = -\frac{1}{a_{22}}\,(a_{21}x_1^{(0)} + a_{23}x_3^{(0)} - a_2) = -\frac{4}{5},$$

$$x_3^{(1)} = -\frac{1}{a_{33}}\,(a_{31}x_1^{(0)} + a_{32}x_2^{(0)} - a_3) = \frac{8}{5},$$

$$x_1^{(2)} = \frac{28}{25} = 1{,}1200, \qquad\qquad x_1^{(3)} = \frac{104}{125} = 0{,}8320,$$

$$x_2^{(2)} = -\frac{20}{25} = -0{,}8000, \qquad\qquad x_2^{(3)} = -\frac{130}{125} = -1{,}0400,$$

$$x_3^{(2)} = \frac{52}{25} = 2{,}0800, \qquad\qquad x_3^{(3)} = \frac{242}{125} = 1{,}9360.$$

Die exakte Lösung ist $x_1 = 1$, $x_2 = -1$, $x_3 = 2$.

Die im Abschnitt 1. erläuterte Stabilität der Problemstellung ist auch bei der Aufgabe der Lösung eines linearen Gleichungssystems von Bedeutung. Bei einer bestimmten Konstellation und bei bestimmten Größenverhältnissen der Koeffizienten a_{ik} kann der Fall eintreten, daß sich bei kleinen Änderungen der a_{ik} und a_i ($i, k = 1, 2, \ldots, n$) die Lösung des Gleichungssystems stark ändert. Man nennt in diesem Falle das Gleichungssystem *schlecht konditioniert*. In der Literatur, z. B. in [11], werden sog. *Konditionszahlen* angegeben; anhand der Größe dieser Konditionszahlen kann man Aussagen über das Stabilitätsverhalten der Aufgabe treffen. Untersuchungen zur numerischen Behandlung schlecht konditionierter linearer Gleichungssysteme sind in [21] enthalten.

Aufgabe 2.4: Geben Sie die der Gleichung (2.15) entsprechende Iterationsvorschrift für das Iterationsverfahren in Einzelschritten an und führen Sie mit diesem Verfahren drei Schritte für das Gleichungssystem aus Beispiel 2.5 durch! Verwenden Sie dabei dieselbe Anfangsnäherung!   *

2.4.   Eliminationsverfahren für lineare Gleichungssysteme

Die in Abschnitt 2.1.2. angedeutete Methode der Lösung von Gleichungssystemen durch Elimination läßt sich im Falle linearer Gleichungssysteme systematisch ausführen; die Regeln dazu sind unter dem Namen Gaußscher Algorithmus bekannt und in Band 13 dieses Lehrwerks ausführlich beschrieben. Auf wichtige numerische Fragen im Zusammenhang mit der Anwendung des Gaußschen Algorithmus wird umfassend z. B. in [12] und [16] hingewiesen. Das betrifft vor allem die Pivotwahl, d. h. die Wahl des entscheidenden Koeffizienten für einen Eliminationsschritt.

Der Gaußsche Algorithmus ist universell anwendbar auf jedes lineare Gleichungssystem. Allerdings erhebt sich die Frage, ob es für spezielle lineare Gleichungssysteme nicht speziell zugeschnittene, effektiver arbeitende Lösungsmethoden gibt. Wir wollen uns am Beispiel der *Progonki-Methode* für tridiagonale lineare Gleichungssysteme davon überzeugen, daß es durchaus lohnt, die Spezifik eines Spezialfalles gezielt numerisch auszunutzen.

Gegeben sei also ein lineares Gleichungssystem (2.13) mit der speziellen Eigenschaft

$$a_{ij} = 0 \quad \text{für}\,|\,i - j\,| > 1. \tag{2.18}$$

Man kann sich dann zur Beschreibung des Algorithmus von der Doppelindizierung lösen und das Gleichungssystem folgendermaßen aufschreiben:

$$\begin{aligned}
d_1 x_1 + c_1 x_2 \qquad\qquad\qquad\quad &= b_1 \\
a_2 x_1 + d_2 x_2 + c_2 x_3 \qquad\qquad &= b_2 \\
a_3 x_2 + d_3 x_3 + c_3 x_4 \quad\; &= b_3 \\
\ddots \qquad \ddots \qquad \ddots \qquad &\;\;\vdots \\
a_{n-1} x_{n-2} + d_{n-1} x_{n-1} + c_{n-1} x_n &= b_{n-1} \\
a_n x_{n-1} \quad\; + d_n x_n &= b_n
\end{aligned} \tag{2.19}$$

Es sei $d_1 \neq 0$. Dann kann man x_1 aus der zweiten Gleichung eliminieren, man erhält als neue zweite Gleichung

$$d_2' x_2 + c_2 x_3 = b_2'$$

mit $\quad d_2' = d_2 - \dfrac{a_2}{d_1} c_1 \quad$ und $\quad b_2' = b_2 - \dfrac{a_2}{d_1} b_1.$

In analoger Weise kann man bei $d_2 \neq 0$ aus der zweiten und dritten Gleichung x_2 eliminieren usw. Allgemein ergibt sich dann:

$$\begin{aligned}
d_{k+1}' x_{k+1} + c_{k+1} x_{k+2} &= b_{k+1}', \\
d_{k+1}' = d_{k+1} - \frac{a_{k+1}}{d_k'} c_k, & \\
b_{k+1}' = b_{k+1} - \frac{a_{k+1}}{d_k'} b_k'. &
\end{aligned} \tag{2.20}$$

Die gesuchten Unbekannten $x_1, \ldots, x_n$ erhält man dann durch Rückwärtsrechnung:

$$\begin{aligned}
x_n &= \frac{b_n'}{d_n'}, \\
x_k &= \frac{b_k' - c_k x_{k+1}}{d_k'}, \qquad k = n-1, n-2, \ldots, 1.
\end{aligned} \tag{2.21}$$

Die Formeln (2.20), (2.21) lassen erkennen, daß die Lösung tridiagonaler linearer Gleichungssysteme außerordentlich einfach und schnell vonstatten gehen kann. Es wäre also eine Vergeudung von Rechenzeit und Speicherplatz bzw. Arbeitszeit, würden solche Gleichungssysteme mit dem Standard-Gauß-Algorithmus behandelt werden.

Weitere Spezialfälle linearer Gleichungssysteme, für die spezielle Verfahren hoher Effektivität entwickelt wurden, sind Gleichungssysteme mit sog. *Bandmatrizen* verschiedener Bandbreite oder große, *schwach besetzte Systeme*. Schwach besetzte Systeme zeichnen sich dadurch aus, daß die Koeffizientenmatrix zu einem großen Teil aus Nullen besteht und nur relativ wenige *Nichtnullelemente* existieren.

Sehr bedeutsam sind auch die vielen Algorithmen für Systeme mit symmetrischen Koeffizientenmatrizen. Hier wurden die grundlegenden Ideen von *Cholesky* geliefert, der eine effektive Zerlegung der Koeffizientenmatrix entwickelte. Für alle Interessenten an dieser Problematik sei zum weiterführenden Studium z. B. [11], [12], [30] empfohlen.

2.5.   (Matrizen-)Eigenwertproblem

Von großer Wichtigkeit für zahlreiche Anwendungen in der modernen Technik ist folgende Aufgabenstellung:

Gesucht sind Werte eines zunächst unbestimmten Parameters λ, für die das lineare homogene Gleichungssystem

$$(a_{11} - \lambda)\, x_1 + a_{12}x_2 + \ldots + a_{1n}x_n = 0$$
$$a_{21}x_1 + (a_{22} - \lambda)\, x_2 + \ldots + a_{2n}x_n = 0$$
$$\vdots \qquad \vdots \qquad\qquad \vdots \qquad \vdots \tag{2.22a}$$
$$a_{n1}x_1 + a_{n2}x_2 + \ldots + (a_{nn} - \lambda)\, x_n = 0$$

bzw. in Matrizenschreibweise

$$(\mathbf{A} - \lambda \mathbf{E})\,\mathbf{x} = \mathbf{0} \tag{2.22b}$$

nichttriviale Lösungen besitzt, und diese Lösungen sind auch gesucht. Die Koeffizienten a_{ik} der Matrix $\mathbf{A}$ seien reell.

Als homogenes Gleichungssystem besitzt (2.22) genau dann nichttriviale Lösungen $\mathbf{x} \neq \mathbf{0}$, wenn die Koeffizientendeterminante des Systems verschwindet:

$$\det(\mathbf{A} - \lambda \mathbf{E}) = \begin{vmatrix} a_{11} - \lambda & a_{12} & \ldots & a_{1n} \\ a_{21} & a_{22} - \lambda & \ldots & a_{2n} \\ \vdots & \vdots & & \vdots \\ a_{n1} & a_{n2} & \ldots & a_{nn} - \lambda \end{vmatrix} = 0; \tag{2.23}$$

Gleichung (2.23) stellt eine algebraische Gleichung n-ten Grades zur Bestimmung des Parameters λ, die *charakteristische Gleichung*, dar. Ihre n Wurzeln λ_j heißen *Eigenwerte* der Matrix $\mathbf{A}$.

Genau für diese Eigenwerte λ_j hat das System (2.22) von null verschiedene Lösungen $\mathbf{x}$, die *Eigenlösungen* oder *Eigenvektoren*. Diese sind wegen des homogenen Gleichungssystems nur bis auf einen willkürlichen Faktor bestimmbar. Für die weiteren Darlegungen setzen wir voraus, daß die Matrix $\mathbf{A}$ *diagonalähnlich* ist, d.h. daß sie sich durch eine Koordinatentransformation (Ähnlichkeitstransformation) in eine Diagonalmatrix überführen läßt. Zu den diagonalähnlichen Matrizen gehören als wichtiger Sonderfall die symmetrischen Matrizen ($a_{ik} = a_{ki}$). Bei den diagonalähnlichen Matrizen existieren genau n linear unabhängige Eigenvektoren. Die Lösungsverfahren für Eigenwertaufgaben kann man in *direkte* und *iterative* Verfahren unterteilen. Bei den direkten Verfahren werden die charakteristischen Gleichungen aufgestellt, ihre Wurzeln λ_i bestimmt und anschließend die zugehörigen Eigenvektoren berechnet. Verfahren dieser Art werden angewandt bei Matrizen kleiner Reihenzahl oder wenn sämtliche Eigenwerte der Matrix gesucht werden. Nur einen oder einige wenige Eigenwerte erhält man bei der Anwendung von iterativen Verfahren. Man bekommt jedoch bei diesen Verfahren automatisch die zugehörigen Eigenvektoren und umgeht die charakteristische Gleichung. Da in den meisten Fällen, insbesondere bei Matrizen größerer Reihenzahl, nicht die Gesamtheit aller Eigenwerte interessiert, kommt den iterativen Verfahren die größere praktische Bedeutung zu. Wir geben deshalb hier das Iterationsverfahren von R. v. Mises an.

Ausgehend von einem beliebigen n-dimensionalen Vektor $\mathbf{z}^{(0)}$ wird nach der Iterationsvorschrift

$$\mathbf{z}^{(\nu + 1)} = \mathbf{A}\mathbf{z}^{(\nu)}, \qquad \nu = 0, 1, 2, \ldots, \tag{2.24}$$

eine Folge von iterierten Vektoren $\mathbf{z}^{(\nu)} = (z_1^{(\nu)}, \ldots, z_n^{(\nu)})^{\mathrm{T}}$ gebildet, deren Eigenschaften wir jetzt untersuchen. Da bei diagonalähnlichen Matrizen die n Eigenvektoren $\mathbf{x}_i$ linear unabhängig sind, können wir $\mathbf{z}^{(0)}$ folgendermaßen darstellen:

$$\mathbf{z}^{(0)} = c_1\mathbf{x}_1 + c_2\mathbf{x}_2 + \ldots + c_n\mathbf{x}_n. \tag{2.25}$$

Aus dem System (2.22b) folgt $\mathbf{A}\mathbf{x} = \lambda\mathbf{x}$, $\mathbf{A}^2\mathbf{x} = \lambda\mathbf{A}\mathbf{x} = \lambda^2\mathbf{x}$ und allgemein $\mathbf{A}^\nu\mathbf{x} = \lambda^\nu\mathbf{x}$, aus Gleichung (2.24) folgt $\mathbf{z}^{(\nu)} = \mathbf{A}^\nu\mathbf{z}^{(0)}$, und damit gilt unter Berücksichtigung von Gleichung

(2.25) für die iterierten Vektoren

$$\mathbf{z}^{(\nu)} = \mathbf{A}^\nu \mathbf{z}^{(0)} = c_1 \lambda_1^\nu \mathbf{x}_1 + c_2 \lambda_2^\nu \mathbf{x}_2 + \dots + c_n \lambda_n^\nu \mathbf{x}_n$$
$$= \lambda_1^\nu \left[c_1 \mathbf{x}_1 + c_2 \left(\frac{\lambda_2}{\lambda_1} \right)^\nu \mathbf{x}_2 + \dots + c_n \left(\frac{\lambda_n}{\lambda_1} \right)^\nu \mathbf{x}_n \right]. \tag{2.26}$$

Nehmen wir an, die Eigenwerte seien auf folgende Weise geordnet:

$$|\lambda_1| > |\lambda_2| \geqq |\lambda_3| \geqq \dots \geqq |\lambda_n| \tag{2.27}$$

– λ_1 heißt in diesem Fall *dominant* –, dann werden die Faktoren $\left(\dfrac{\lambda_i}{\lambda_1} \right)^\nu$ in Gleichung (2.26) mit zunehmendem ν immer kleiner, und es besteht für $\nu \to \infty$ die asymptotische Annäherung

$$\mathbf{z}^{(\nu)} \to \lambda_1^\nu c_1 \mathbf{x}_1, \tag{2.28}$$
$$\mathbf{z}^{(\nu+1)} \to \lambda_1 \mathbf{z}^{(\nu)} \qquad (\text{wegen } \mathbf{z}^{(\nu+1)} \to \lambda_1^{\nu+1} c_1 \mathbf{x}_1) \tag{2.29}$$

oder statt der Beziehung (2.29)

$$q_i^{(\nu)} = \frac{z_i^{(\nu+1)}}{z_i^{(\nu)}} \to \lambda_1. \tag{2.30}$$

Nach der Beziehung (2.28) konvergiert also $\mathbf{z}^{(\nu)}$ gegen den (nur bis auf einen willkürlichen Faktor bestimmbaren) Eigenvektor $\mathbf{x}_1$. Die Beziehung (2.30) gilt natürlich nur für die Komponenten $z_i^{(\nu)}$ zweier aufeinanderfolgender iterierter Vektoren $\mathbf{z}^{(\nu)}$, für die die entsprechenden Komponenten des Eigenvektors $\mathbf{x}_1$ von Null verschieden sind. Außerdem muß der Ausgangsvektor so gewählt werden, daß $c_1 \neq 0$ ist. Falls die Voraussetzung (2.27) nicht erfüllt ist, ist das Verfahren auch anwendbar; nähere Ausführungen hierzu sind in [30] zu finden. Ist der betragskleinste Eigenwert gesucht, so kann dieser mit diesem Verfahren durch Übergang zur inversen Matrix $\mathbf{A}^{-1}$, zu der die Eigenwerte $x_i = \dfrac{1}{\lambda_i}$ gehören, bestimmt werden.

Beispiel 2.6: Mit dem Iterationsverfahren von R.v.Mises sollen der betragsgrößte Eigenwert sowie der zugehörige Eigenvektor der Matrix

$$\mathbf{A} = \begin{pmatrix} 1 & 2 & 1 \\ 2 & 1 & 1 \\ 1 & 1 & 1 \end{pmatrix}$$

näherungsweise bestimmt werden. Ausgehend von $\mathbf{z}^{(0)} = (1, 1, 1)^\mathrm{T}$ liefert die Rechnung nach Gleichung (2.24) die in Tabelle 2.1 angegebenen Werte. Damit ist $\lambda_1 = 3{,}732$ und

$$\mathbf{x}_1 = \begin{pmatrix} 780 \\ 780 \\ 571 \end{pmatrix}.$$

Geben wir $\mathbf{x}_1$ als Vektor mit dem Betrag 1 an, dann ist

$$\mathbf{x}_1 = \begin{pmatrix} 0{,}628 \\ 0{,}628 \\ 0{,}459 \end{pmatrix}.$$

Tabelle 2.1

$\mathbf{z}^{(1)}$	$q_i^{(1)}$	$\mathbf{z}^{(2)}$	$q_i^{(2)}$	$\mathbf{z}^{(3)}$	$q_i^{(3)}$	$\mathbf{z}^{(4)}$	$q_i^{(4)}$	$\mathbf{z}^{(5)}$	$q_i^{(5)}$
4	4	15	3,7500	56	3,7333	209	3,7321	780	3,7321
4	4	15	3,7500	56	3,7333	209	3,7321	780	3,7321
3	3	11	3,6667	41	3,7273	153	3,7321	571	3,7321

2.6. Programmierung und Software

Gleichungen und Gleichungssysteme sowie die Matrizen-Eigenwertaufgaben gehören zu den klassischen numerischen Standardaufgaben. Deshalb existieren auch leistungsfähige Programme für viele Standard- und Spezialfälle.

Während nichts dagegen einzuwenden ist, für die Nullstellenbestimmung einer Funktion ein kleines BASIC-Programm im Dialog am Kleincomputer selbst zu erarbeiten, sollte für die Lösung von Systemen stets zuerst nach fertiger Software gesucht werden. Diese enthält nämlich im allgemeinen neben der reinen Umsetzung des Algorithmus eine Fülle zusätzlicher Maßnahmen zur Erzielung hoher oder gewünschter Genauigkeit, zur

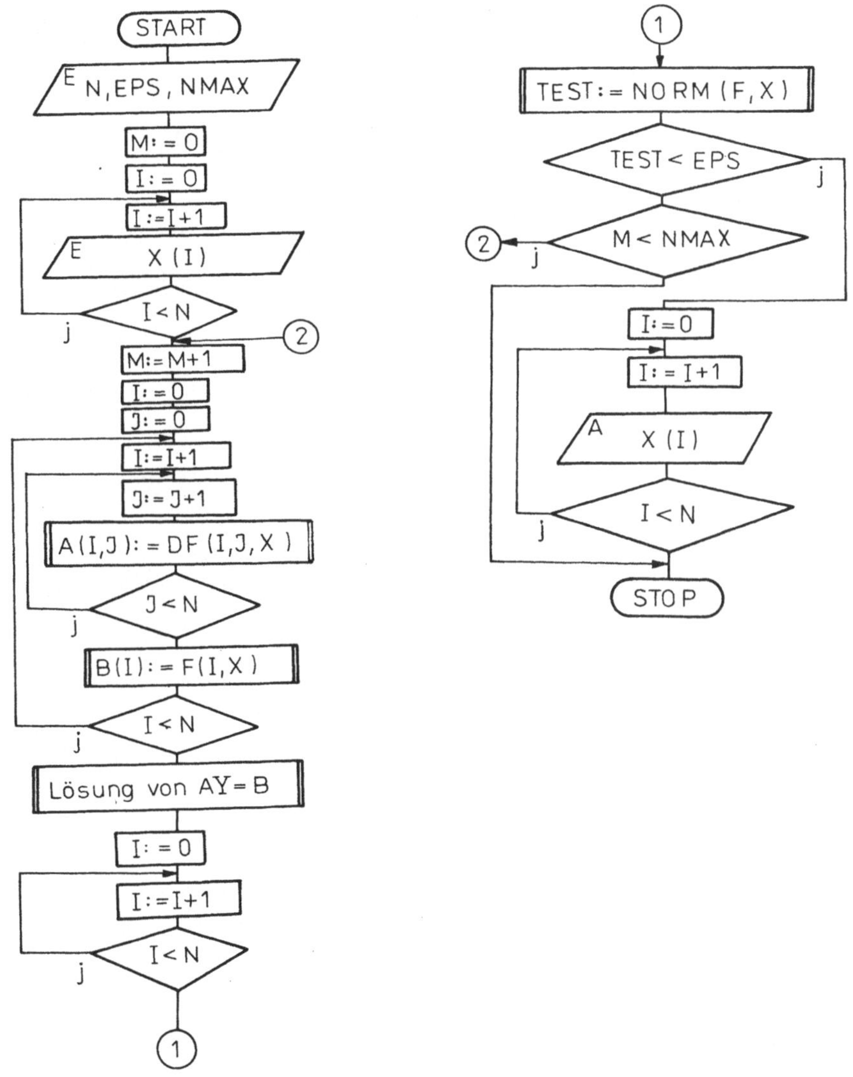

Bild 2.1. Newton-Raphson-Verfahren

Gewährleistung der Stabilität sowie zur umfassenden Information des Nutzers über Eigenschaften seines Problems. Das alles wird der Anfänger nie in sein Programm aufnehmen können ...

In [12] findet man ALGOL-60-Programme für lineare Gleichungssysteme und Matrizen-Eigenwertaufgaben. Das Programmpaket Numerische Mathematik (PP NUMATH-1) des VE Kombinat ROBOTRON bietet in Form von FORTRAN-Subroutinen zehn Softwarebausteine zur Lösung linearer Gleichungssysteme an [31, 3.1.1.6.], darüber hinaus werden Softwarebausteine zur Lösung von Eigenwertproblemen [31, 3.4.1.6.] sowie zur Lösung nichtlinearer Gleichungssysteme [31, 3.4.2.6.] angeboten.

Die Lösung nichtlinearer Gleichungssysteme ist vorherrschender Gegenstand des Buches [25], in dem auf weitere Software verwiesen wird.

Für alle, die jedoch eigene Programme entwickeln müssen (oder wollen), sei jedoch besonders darauf hingewiesen, daß bei Programmen für lineare Gleichungssysteme die Art der *Pivotisierung* entscheidend für die Leistungsfähigkeit des Programms ist; Programme zur Umsetzung von Iterationsverfahren dagegen erfordern sauberes Formulieren von Abbruchbedingungen.

Bild 2.1 enthält einen Programmablaufplan für das Newton-Raphson-Verfahren.

3. Approximation

3.1. Aufgabenstellung

Unter Approximation (Annäherung) im engeren Sinne versteht man die Ersetzung einer gegebenen Funktion durch eine geeignet bestimmte andere Funktion. Diese Problemstellung tritt auf, wenn

   a) für eine durch Messungen in Tabellenform oder grafisch erhaltene Funktion für weitere Untersuchungen eine formelmäßige Darstellung benötigt wird,
   b) eine komplizierte (d.h. schwierig zu handhabende) formelmäßig gegebene Funktion in einem bestimmten Bereich durch eine „einfachere" Funktion angenähert werden soll.

Wir formulieren nun die Approximationsaufgabe allgemein: Auf einer Menge X soll eine gegebene Funktion $y = f(x)$ durch eine Funktion $y = F(x)$ aus einer vorgegebenen Funktionsklasse unter Berücksichtigung bestimmter Forderungen angenähert werden. $F(x)$ heißt dann *approximierende Funktion*. Die Menge X kann ein Intervall $[a, b]$ sein oder nur aus diskreten Punkten $x_0, x_1, \ldots, x_n$ bestehen. Im ersten Fall spricht man von *stetiger*, im zweiten von *diskreter* (oder punktweiser) Approximation.

Die aus einer bestimmten Funktionenklasse (d. h. ihrer Form nach) gewählte Funktion $F(x)$ enthält dabei noch eine Anzahl freier Parameter $a_0, a_1, \ldots, a_m$:

$$F(x) = F(x; a_0, a_1, \ldots, a_m), \tag{3.1}$$

die so zu bestimmen sind, daß die jeweiligen Approximationsforderungen erfüllt werden. Als praktisch wichtige Beispiele sind bekannt:

   a) Annäherung durch (gewöhnliche) Polynome

$$F(x) = a_0 + a_1 x + \ldots + a_m x^m, \tag{3.2}$$

   b) Annäherung durch verallgemeinerte Polynome

$$F(x) = a_0 \varphi_0(x) + a_1 \varphi_1(x) + \ldots + a_m \varphi_m(x), \tag{3.3}$$

   c) Annäherung durch Exponentialfunktionen der Form

$$F(x) = a_0 e^{a_{p+1}x} + \ldots + a_p e^{a_{2p+1}x}.$$

Wir werden uns in den weiteren Darlegungen meist auf die Approximation durch Funktionen der Form (3.2) und (3.3) beschränken; sie enthalten die Parameter linear und sind deshalb leichter zu behandeln.

Den Ansatz c) benutzt man zur Beschreibung von Schwingungen; die Koeffizienten $a_{p+1}, \ldots, a_{2p+1}$ sind dann im allgemeinen komplex.

Bei fest vorgegebener Funktionenklasse unterscheiden sich die verschiedenen Approximationsarten im wesentlichen durch die unterschiedlichen Forderungen an die approximierende Funktion. Je nach der zugrundegelegten Forderung erhält man für $f(x)$ bei gleicher Funktionenklasse von $F(x)$ sich i. allg. in den Parametern unterscheidende approximierende Funktionen.

Im folgenden wenden wir uns den gebräuchlichen Approximationsarten zu. (Zu diesen gehört auch die im Band 2 dieses Lehrwerks behandelte Taylor-Entwicklung, bei der eine formelmäßig gegebene Funktion $f(x)$ durch ein Polynom (3.2) angenähert wird. An das approximierende Polynom wird dabei die Forderung gestellt, mit der gegebenen Funktion $f(x)$ an einer Stelle im Funktionswert und in einer bestimmten Zahl von Ableitungswerten übereinzustimmen.)

3.2.   Interpolation

3.2.1.   Die Interpolationsaufgabe

Bei der Interpolation fordert man Übereinstimmung von $f(x)$ und $F(x)$ an $n + 1$ festen, paarweise verschiedenen Stellen (sog. *Stützstellen*) x_k:

$$F(x_k) = f(x_k), \qquad k = 0, 1, ..., n. \tag{3.4}$$

Die Funktionswerte $f(x_k)$ ($k = 0, ..., n$) werden auch *Stützwerte* genannt.

Bei der Polynominterpolation sucht man ein Polynom (3.2) möglichst kleinen Grades, das die Interpolationsforderung (3.4) erfüllt.

S. 3.1 **Satz 3.1:** *Es gibt höchstens ein Interpolationspolynom vom Grad n, das die Interpolationsforderung erfüllt, d. h. das das Gleichungssystem*

$$a_0 + a_1 x_k + a_2 x_k^2 + ... + a_n x_k^n = f(x_k), \qquad k = 0, ..., n, \tag{3.5}$$

befriedigt.

Beweis: Angenommen, es gäbe zwei verschiedene Interpolationspolynome $p(x)$ und $q(x)$, jeweils vom Grad n. Dann wäre

$$h(x) = p(x) - q(x)$$

ebenfalls ein Polynom vom Grad n. Wegen

$$\begin{aligned} p(x_k) &= f(x_k), \\ q(x_k) &= f(x_k), \end{aligned} \qquad k = 0, ..., n,$$

gilt dann

$$h(x_k) = 0, \qquad k = 0, ..., n.$$

Dies bedeutet aber nichts anderes, als daß $h(x)$ $n + 1$ Nullstellen besitzen müßte. Das steht aber im Widerspruch zu obiger Feststellung, daß $h(x)$ ein Polynom vom Grade n wäre. Also ist die Annahme falsch und die Behauptung des Satzes bewiesen. ∎

S. 3.2 **Satz 3.2:** *Es gibt genau ein Interpolationspolynom vom Grade n, das die Interpolationsforderung erfüllt.*

Beweis: Daß es höchstens ein Interpolationspolynom gibt, wurde bereits im vorigen Satz bewiesen. Nun braucht nur noch gezeigt zu werden, daß es mindestens ein solches Polynom gibt. Diesen Beweis führen wir konstruktiv, d.h., wir geben ein Polynom an und zeigen, daß es die Interpolationsforderung erfüllt. Wir betrachten das Polynom

$$F(x) = \sum_{i=0}^{n} f(x_i) \cdot L_i(x) \tag{3.6}$$

mit $\qquad L_i(x) = \dfrac{(x - x_0)(x - x_1) ... (x - x_{i-1})(x - x_{i+1}) ... (x - x_n)}{(x_i - x_0)(x_i - x_1) ... (x_i - x_{i-1})(x_i - x_{i+1}) ... (x_i - x_n)}. \tag{3.7}$

Es gilt wegen (3.7)

$$L_i(x_k) = \begin{cases} 1 & \text{für} \quad i = k, \\ 0 & \text{für} \quad i \neq k, \end{cases} \qquad i, k = 0, 1, ..., n,$$

und damit folgt aus (3.6) für alle $k = 0, 1, ..., n$

$$F(x_k) = f(x_k) \cdot L_k(x_k) = f(x_k). \tag{3.8}$$

Da für alle $i = 0, \ldots, n$ die $L_i(x)$ Polynome n-ten Grades sind, hat das Polynom (3.6) höchstens den Grad n (beim Zusammenfassen können sich Potenzen von x aufheben). Damit ist unter Berücksichtigung von (3.8) nachgewiesen, daß das Polynom (3.6) die Lösung der gewöhnlichen Interpolationsaufgabe ist.

Somit ist der Beweis beendet. ∎

3.2.2. Der Interpolationsfehler

Die Abweichungen zwischen der gegebenen Funktion $f(x)$ und dem nach der Lagrangeschen bzw. Newtonschen Interpolationsformel bestimmten Interpolationspolynom läßt sich durch Angabe des *Restgliedes* gemäß $f(x) = F(x) + R_{n+1}(x)$ mathematisch fassen. Man findet für das Restglied unter Zugrundelegung der Stützstellen $x_0, x_1, \ldots, x_n$

$$R_{n+1}(x) = \frac{(x - x_0) \ldots (x - x_n)}{(n + 1)!} f^{(n+1)}(\xi), \tag{3.9}$$

wobei ξ eine im allgemeinen unbekannte Stelle zwischen der größten und der kleinsten der $n + 2$ Stellen $x, x_0, \ldots, x_n$ ist. Für praktische Zwecke ist allerdings durch die Kenntnis dieser Darstellung des Restgliedes nicht viel gewonnen, da z.B. für tabellarisch gegebene Funktionen die Bestimmung der $(n + 1)$-ten Ableitung ein schwieriges Problem sein kann.

Es ist offensichtlich, daß diese Form des Restgliedes nur für Funktionen $f(x)$ gilt, die entsprechend oft stetig differenzierbar sind. Das sei hier vorausgesetzt.

Beispiel 3.1: Das Interpolationspolynom höchstens 2. Grades, das mit der Funktion $y = f(x) = 2^x$ an den Stellen $x_0 = -1$, $x_1 = 0$ und $x_2 = 1$ übereinstimmt, lautet

$$F(x) = 1 + \frac{3}{4} x + \frac{1}{4} x^2. \tag{3.10}$$

Wegen $f'''(x) = 2^x (\ln 2)^3$ lautet nach (3.9) das Restglied

$$R_3(x) = \frac{(x + 1) (x - 0) (x - 1)}{3!} 2^\xi (\ln 2)^3.$$

Fragen wir nach dem Fehler von $F(x)$ bei $x = \frac{1}{2}$, so müssen wir

$$R_3\left(\frac{1}{2}\right) = -\frac{1}{16} \cdot 2^\xi (\ln 2)^3, \qquad -1 \leq \xi \leq 1,$$

abschätzen. Weil die Funktion $y = 2^x$ mit x streng monoton wächst, gilt

$$-\frac{(\ln 2)^3}{16} 2 \leq R_3\left(\frac{1}{2}\right) \leq -\frac{(\ln 2)^3}{16} \frac{1}{2},$$

$$-0{,}0416 \leq R_3\left(\frac{1}{2}\right) \leq -0{,}0104.$$

Aus (3.10) finden wir als Näherung für $2^{1/2} = \sqrt{2} = 1{,}4142$ den Wert $F\left(\frac{1}{2}\right) = 1{,}4375$, d.h., der Fehler beträgt $-0{,}0233$ und liegt im errechneten Fehlerintervall.

3.2.3. Berechnung des Interpolationspolynoms

Nach Abschnitt 3.2.1. gibt es genau ein Interpolationspolynom; man erhält die Koeffizienten $a_0, \ldots, a_n$ dieses Polynoms durch Lösung des linearen Gleichungssystems (3.5). Hierzu gibt es nun verschiedene Methoden, die zu *verschiedenen Darstellungen* des Interpolationspolynoms führen. Eine Form kennen wir bereits – die in (3.6) bis (3.8) angegebene

Lagrange-Darstellung. Sie entstand dadurch, daß Lagrange das System (3.5) allgemein ge-löst hat, so daß man nur noch in die fertige Formel einzusetzen braucht:

Beispiel 3.2: Die durch die Wertetafel $\begin{array}{c|c|c|c|c} x & 0 & 1 & 2 & 4 \\ \hline y & -3 & 1 & 2 & 7 \end{array}$ gegebene Funktion $y = f(x)$ soll durch ein Interpolationspolynom approximiert werden. Wir berechnen gemäß (3.7)

$$L_0(x) = \frac{(x - x_1)\,(x - x_2)\,(x - x_3)}{(x_0 - x_1)\,(x_0 - x_2)\,(x_0 - x_3)} = \frac{(x - 1)\,(x - 2)\,(x - 4)}{-8} = \frac{x^3 - 7x^2 + 14x - 8}{-8},$$

$$L_1(x) = \frac{(x - x_0)\,(x - x_2)\,(x - x_3)}{(x_1 - x_0)\,(x_1 - x_2)\,(x_1 - x_3)} = \frac{x\,(x - 2)\,(x - 4)}{3} = \frac{x^3 - 6x^2 + 8x}{3},$$

$$L_2(x) = \frac{(x - x_0)\,(x - x_1)\,(x - x_3)}{(x_2 - x_0)\,(x_2 - x_1)\,(x_2 - x_3)} = \frac{x\,(x - 1)\,(x - 4)}{-4} = \frac{x^3 - 5x^2 + 4x}{-4},$$

$$L_3(x) = \frac{(x - x_0)\,(x - x_1)\,(x - x_2)}{(x_3 - x_0)\,(x_3 - x_1)\,(x_3 - x_2)} = \frac{x\,(x - 1)\,(x - 2)}{24} = \frac{x^3 - 3x^2 + 2x}{24};$$

nach (3.6) erhalten wir dann

$$F(x) = -3L_0(x) + L_1(x) + 2L_2(x) + 7L_3(x) = \frac{1}{2}\,x^3 - 3x^2 + \frac{13}{2}x - 3.$$

Bild 3.1 zeigt den Verlauf des gefundenen Interpolationspolynoms.

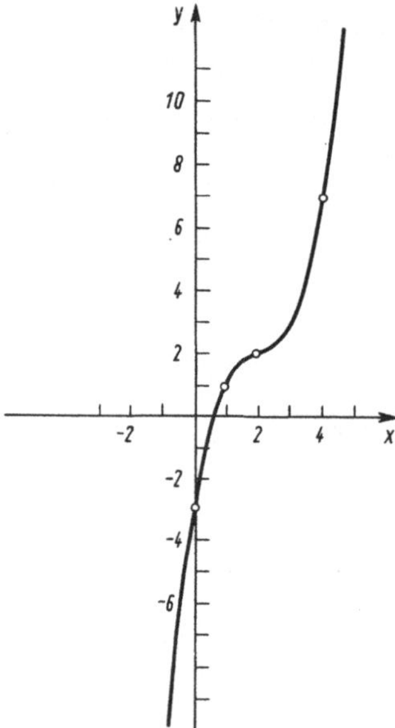

Bild 3.1. Interpolationspolynom nach
Lagrange (zu Beispiel 3.2)

Die Lagrange-Darstellung des Interpolationspolynoms ist recht unhandlich und wird selten praktisch genutzt. Sie ist aber sehr nützlich für theoretische Überlegungen, z.B. bei der numerischen Integration. Die Lagrange-Darstellung führt vor allem dann zu hohem Aufwand, wenn man durch Hinzunahme weiterer Stützstellen den Grad des Interpola-tionspolynoms erhöhen möchte. Hier verwendet man vielmehr die *Newton-Darstellung* des Interpolationspolynoms. Die Newton-Darstellung hat die Form

$$\begin{aligned} F(x) = {} & c_0 + c_1(x - x_0) + c_2(x - x_0)\,(x - x_1) + \ldots \\ & + c_n(x - x_0)\,(x - x_1) \ldots (x - x_{n-1}), \end{aligned} \tag{3.11}$$

wobei die Koeffizienten $c_0, \ldots, c_n$ nach einer von Newton angegebenen Rekursionsformel im sogenannten *Steigungsschema* einfach ermittelt werden können. Hierauf wird in Band 1 dieses Lehrwerks im Abschnitt 9. ausführlich eingegangen. Sind speziell die Stützstellen äquidistant (gleichabständig) verteilt, so vereinfacht sich das Steigungsschema zum *Differenzenschema*, und aus der Newton-Darstellung lassen sich verschiedenartige Darstellungen, die sog. *Differenzenformeln*, ableiten. Dazu gehören z. B. die Darstellungen nach *Gregory-Newton, Stirling* und *Bessel*. In [28] wird Theorie und Praxis der Differenzen-Interpolationsformeln ausführlich behandelt.

3.2.4. Konvergenz von Folgen von Interpolationspolynomen

Es ist ein weit verbreiteter Irrtum anzunehmen, daß mit Vergrößerung der Zahl der Stützstellen das Interpolationspolynom sich zwangsläufig besser der gegebenen Funktion anpaßt.

Beispiel 3.3: Die Funktion

$$f(x) = \frac{1}{1 + x^2}$$

wird im Intervall $-5 \leq x \leq 5$ unter Verwendung von 7, 13 und 19 äquidistant verteilten Stützstellen interpoliert.
Bild 3.2 zeigt den Verlauf von $f(x)$ sowie der resultierenden Interpolationspolynome sechsten, zwölften bzw. achtzehnten Grades.

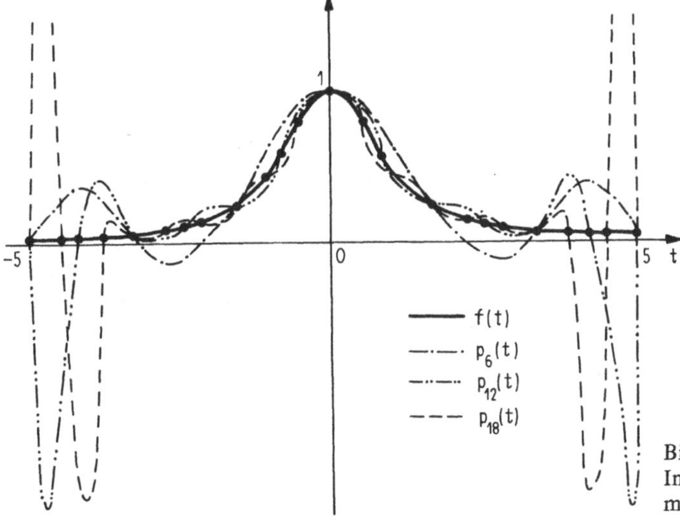

Bild 3.2. Folge von Interpolationspolynomen (zu Beispiel 3.3)

Wie leicht zu erkennen ist, beginnt das Interpolationspolynom mit steigender Stützstellenzahl immer stärker um die gegebene Funktion zu oszillieren. Die wachsende Anzahl der Stützstellen führt zwar zur Erhöhung des Grades des Interpolationspolynoms, aber offensichtlich nicht zu besserer Annäherung – im Gegenteil!

Wer sich mit dem mathematischen Hintergrund dieses Phänomens näher beschäftigen will, dem sei das Buch von Natanson „Konstruktive Funktionentheorie" [19] empfohlen.
Wir merken uns: Es gibt stetige Funktionen, für die trotz Vergrößerung der Zahl der Stützstellen keine Annäherung des Interpolationspolynoms an diese Funktion erfolgt.

3.2.5. Spline-Interpolation

Das soeben mitgeteilte Phänomen führte zur Suche nach einer Funktionenklasse, mit deren Hilfe man so interpolieren kann, daß bei Vergrößerung der Stützstellenzahl mit Sicherheit eine bessere Annäherung erfolgt, ohne daß dabei gleichzeitig die interpolierende Funktion numerisch unhandlich wird. Solche Funktionen fand man in der *Menge der stückweise polynomialen Funktionen*, auch als *Splines* bezeichnet:

Das Intervall $[a, b]$ sei vermittels einer Zerlegung Δ in $n + 1$ Teilintervalle zerlegt:

$$\Delta : a = x_0 < x_1 < \ldots < x_n < x_{n+1} = b. \tag{3.12}$$

Dann nennt man eine Funktion $\varphi(x)$ einen Spline des Grades $2m - 1$ mit Stetigkeitsverlust ω über Δ, wenn folgendes gilt:

a) $\varphi(x)$ ist in jedem Teilintervall $[x_i, x_{i+1}]$, $i = 0, \ldots, n$, ein Polynom vom Grad $2m - 1$,

b) $\varphi(x)$ ist in den inneren Knoten $x_1, \ldots, x_n$ stetig und besitzt dort stetige Ableitungen bis einschließlich der Ordnung $2m - 1 - \omega$ $(1 \leq \omega \leq m)$.

Kurz gesagt sind Splines aneinandergefügte Polynomstücke ungeraden Grades, wobei in den inneren Knoten nicht alle Ableitungen stetig ineinander übergehen.

Die in Bild 3.3 dargestellte Funktion ist offensichtlich eine Spline-Funktion, denn sie besteht abschnittsweise aus Polynomen 3. Grades, aber in den Knoten geht die dritte Ableitung nicht stetig ineinander über.

Um etwas vertrauter mit dieser neuen Funktionenklasse zu werden, wollen wir folgenden Satz beweisen:

S. 3.3 **Satz 3.3:** *Splinefunktionen, die nach den beschriebenen Prinzipien konstruiert sind, können $2m + n\omega$ Bedingungen erfüllen.*

Beweis: Da der Spline im ersten, zweiten, ..., $(n + 1)$-ten Teilintervall von $[a, b]$ jeweils ein Polynom $(2m - 1)$-ten Grades ist, stehen $2m(n + 1)$ Koeffizienten zur Verfügung. Da in x_1 jedoch Stetigkeit, stetige 1. Ableitung, ..., stetige $(2m - 1 - \omega)$-te Ableitung gefordert wird (das sind $2m - \omega$ Forderungen), reduziert sich die Anzahl der frei verfügbaren Koeffizienten auf $2m(n + 1) - (2m - \omega)$. Im nächsten Knoten x_2 müssen ebenfalls $2m - \omega$ Forderungen erfüllt werden, so daß sich die Anzahl der frei verfügbaren Koeffizienten auf $2m(n + 1) - 2(2m - \omega)$ reduziert. Betrachtet man alle weiteren inneren Knoten, so erhält man schließlich, daß den ursprünglich vorhandenen $2m(n + 1)$ Koeffizienten zur Bestimmung des Splines bereits $n(2m - \omega)$ Stetigkeitsforderungen gegenüberstehen. Daraus ergibt sich, daß jeder Spline $2m(n + 1) - n(2m - \omega) = 2m + n\omega$ freie Koeffizienten besitzt. Damit ist die Behauptung bewiesen. ∎

Im folgenden wollen wir Splines, die nach obigen Konstruktionsprinzipien aufgebaut sind, als Elemente des Splineraumes $\mathrm{Sp}(m, \Delta, \omega)$ bezeichnen. Die Aussage des Satzes lautet dann kurz

$$\dim \mathrm{Sp}(m, \Delta, \omega) = 2m + n\omega. \tag{3.13}$$

Nun wenden wir uns den beiden möglichen Extrema bei der Wahl von ω zu:

Splines mit $\omega = 1$ heißen *Lagrange-Splines*, sie haben den geringsten Stetigkeitsverlust in den inneren Knoten und sind also die glattesten unter allen Splines. Es gilt

$$\dim \mathrm{Sp}(m, \Delta, 1) = 2m + n. \tag{3.14}$$

Splines mit $\omega = m$ heißen *Hermite-Splines*, sie haben den größten Stetigkeitsverlust in den inneren Knoten. Es gilt

$$\dim \mathrm{Sp}(m, \Delta, m) = m(n + 2). \tag{3.15}$$

Veranschaulichen kann man sich das am besten am Fall $m = 2$: Hier sind Polynome dritten Grades aneinandergesetzt, wobei für $\omega = 1$ (Lagrange) Stetigkeit bis zur zweiten Ableitung über ganz $[a, b]$ gesichert ist. Bei $\omega = m = 2$ (Hermite) dagegen ist der Spline nur
bis zur ersten Ableitung über $[a, b]$ stetig, die zweite Ableitung kann dagegen in den inneren Knoten Sprünge haben. Vergleicht man (3.14) und (3.15), so stellt man fest, daß Hermite-Splines stets mehr freie Koeffizienten haben als Lagrange-Splines.

Aufgabe 3.1: Begründen Sie, warum das so sein muß; veranschaulichen Sie sich Lagrange- und Her- *
mite-Splines für $m = 1$ und $m = 3$!

Außerordentlich bedeutsam ist die aus (3.13) ablesbare Feststellung, daß die Dimen-
sion von Splines stets sowohl vom Grad m als auch von der Knotenzahl n abhängt. Damit
ist gegenüber der Arbeit mit klassischen Polynomen eine neue Qualität erreicht, denn bei
Polynomen war die Erhöhung der Anzahl der für die Erfüllung von Bedingungen verfügbaren Koeffizienten unweigerlich mit einer Erhöhung des Grades verbunden. Wir stellen
also fest: Mit Splines kann man beim Interpolieren die Anzahl der Stützstellen erhöhen,
ohne daß sich der Grad der Polynomstücke in den einzelnen Teilintervallen erhöhen
muß.

Betrachten wir nun die Spline-Interpolation im einzelnen, wobei wir uns auf den Fall
$m = 2$ beschränken wollen *(kubische Spline-Interpolation)*:

Gegeben seien eine Funktion $f(t)$ sowie $n + 2$ Stützstellen $t_0, t_1, ..., t_n, t_{n+1}$. Gesucht ist
ein interpolierender Spline. Man wählt zweckmäßig die Stützstellen als die Knoten des
gesuchten interpolierenden Splines und erhält damit die Bedingungen

$$\varphi(x_j) = f(x_j), \qquad x_j = t_j, \qquad j = 0, ..., n + 1. \tag{3.16}$$

Betrachtet man nun die Anzahl der verfügbaren Koeffizienten
bei $m = 2$, $\omega = 1$ (Lagrange): $\dim \mathrm{Sp}(2, \Delta, 1) = 4 + n$,
bei $m = 2$, $\omega = 2$ (Hermite): $\dim \mathrm{Sp}(2, \Delta, 2) = 2(n + 2)$,
so stellt man fest, daß die Interpolationsforderung (3.16) weder Lagrange- noch Hermite-
Spline eindeutig festlegt. Man kann also weitere Forderungen willkürlich festlegen und
sich damit interpolierende kubische Splines mit *gewünschten zusätzlichen Eigenschaften* er-
zeugen. Aus der Fülle der Möglichkeiten, solche Zusatzforderungen zu wählen, sei hier
nur jeweils eine für Lagrange- bzw. Hermite-Splines genannt:

Bei kubischen Lagrange-Splines kann man noch zwei Zusatzforderungen angeben.
Man wählt oft dafür die Forderung nach bestimmten Randanstiegen:

$$\begin{aligned}
\varphi'(x_0) &= f'(x_0), \\
\varphi'(x_{n+1}) &= f'(x_{n+1}).
\end{aligned} \tag{3.17}$$

Bei Hermite-Splines kann man im kubischen Fall bereits $n + 2$ zusätzliche Forderungen
stellen. Man gibt hier oft z. B. neben den Funktionswerten auch noch die Ableitungswerte
in den Knoten vor:

$$\varphi'(x_j) = f'(x_j), \qquad x_j = t_j, \qquad j = 0, ..., n + 1. \tag{3.18}$$

Beispiel 3.4: Die durch die Wertetafel aus Beispiel 3.2 gegebene Funktion soll durch einen kubischen
Lagrange-Spline interpoliert werden. Zusätzlich gelte für die Ableitungswerte am Rande

$$\varphi'(0) = \frac{223}{46}, \qquad \varphi'(4) = \frac{151}{46}.$$

Elementares Vorgehen liefert für die 12 unbekannten Koeffizienten der drei kubischen Polynome in
den Intervallen [0, 1], [1, 2] und [2, 4] insgesamt sechs Gleichungen zur Sicherung der Stetigkeitsforderungen in den inneren Knoten, vier Gleichungen aus der Interpolationsforderung sowie zwei Glei-

chungen aus den Zusatzforderungen. Man erhält:

$$(0, 1): \quad \varphi(x) = -3 + \frac{223}{46}x - \frac{39}{46}x^3,$$

$$(1, 2): \quad \varphi(x) = -\frac{234}{46} + \frac{511}{46}x - \frac{288}{46}x^2 + \frac{57}{46}x^3,$$

$$(2, 4): \quad \varphi(x) = \frac{294}{46} - \frac{281}{46}x + \frac{108}{46}x^2 - \frac{9}{46}x^3.$$

Durch Einsetzen kann man sich überzeugen, daß an den Stützstellen $x = 0, 1, 2, 4$ sowohl $\varphi(x)$ als auch $\varphi'(x)$ und $\varphi''(x)$ stetig ineinander übergehen. In Bild 3.3 ist die gefundene Splinefunktion dargestellt.

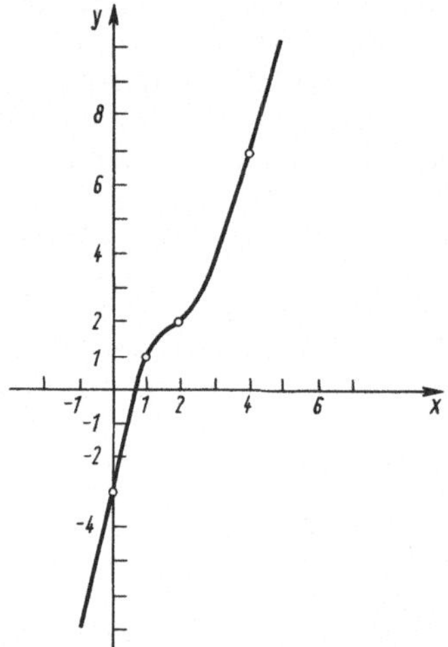

Bild 3.3. Interpolation durch eine kubische Splinefunktion (zu Beispiel 3.3)

Wenden wir uns nun dem Spezialfall äquidistanter Stützstellen zu:

$$x_j = a + jh, \qquad h = \frac{b-a}{n+1}, \qquad j = 0, \ldots, n+1. \tag{3.19}$$

Für Splines mit gleichabständigen Knoten existieren häufig benutzte Basisdarstellungen. So kann man z.B. jeden kubischen Lagrange-Spline $\varphi(x) \in \mathrm{Sp}(2, \Delta, 1)$ darstellen als Linearkombination aus $n + 4$ *Basissplines (B-Splines)*:

$$\varphi(x) = \sum_{k=-1}^{n+2} a_k B_k(x). \tag{3.20}$$

Dabei haben die kubischen B-Splines folgende Form:

$$B_i(x) = \frac{1}{h^3} \begin{cases} (x - x_{i-2})^3, & x \in [x_{i-2}, x_{i-1}], \\ h^3 + 3h^2(x - x_{i-1}) + 3h(x - x_{i-1})^2 - 3(x - x_{i-1})^3, & x \in [x_{i-1}, x_i], \\ h^3 + 3h^2(x_{i+1} - x) + 3h(x_{i+1} - x)^2 - 3(x_{i+1} - x)^3, & x \in [x_i, x_{i+1}], \\ (x_{i+1} - x)^3, & x \in [x_{i+1}, x_{i+2}], \\ 0 & \text{sonst.} \end{cases} \tag{3.21}$$

Man sieht sofort, daß jeder kubische B-Spline nur auf vier Teilintervallen, d.h. in drei Knoten der Zerlegung von $[a, b]$, von Null verschieden ist. Dies bedeutet, daß das aus der Interpolationsforderung (3.16) und den Zusatzforderungen resultierende lineare Gleichungssystem für a_{-1}, a_0, ..., a_n, a_{n+1} schwach besetzt wird und eine *spezielle Struktur* erhält. Je nach Art der Zusatzforderungen kann diese spezielle Struktur sogar Bandstruktur bis hin zur Tridiagonalität erhalten. Damit können spezielle numerische Verfahren (siehe Abschnitt 2.4.) zur Anwendung kommen.

3.3. Approximation im Mittel

Bei dieser Approximationsart fordert man, daß im stetigen bzw. diskreten Fall das Integral bzw. die Summe über die *Fehlerquadrate*

$$Q_s = \int_a^b [F(x) - f(x)]^2 \, dx \tag{3.22}$$

bzw.

$$Q_d = \sum_{k=0}^n [F(x_k) - f(x_k)]^2 \tag{3.23}$$

minimal wird. Bei (3.22) muß $f(x)$ formelmäßig vorliegen, während die Anwendung von (3.23) vor allem bei gegebenen Wertetabellen angebracht ist. $F(x)$ ist aus einer bestimmten Funktionenklasse vorzugeben. Als solche ist z. B. die Klasse (3.3) der verallgemeinerten Polynome

$$F(x) = \sum_{k=0}^m a_k \varphi_k(x)$$

mit linear unabhängigen Funktionen $\varphi_0(x)$, ..., $\varphi_m(x)$ gebräuchlich, die auch die gewöhnlichen Polynome (3.2) umfaßt.

Besonders von praktischer Bedeutung ist die diskrete Approximation im Mittel.

3.3.1. Diskrete Approximation im Mittel

Eine Methode, die diskrete Approximation im Mittel rechnerisch durchzuführen, ist die von C. F. Gauß entwickelte *Methode der kleinsten Quadrate.*

Die Funktion $y = f(x)$ sei durch die Wertetafel

x		x_0	x_1	...	x_n
$f(x)$		y_0	y_1	...	y_n

gegeben; sie soll durch eine Funktion der Gestalt (3.1)

$$F(x) = F(x; a_0, a_1, ..., a_m)$$

approximiert werden. Wir setzen $m < n$ voraus; im Fall $m = n$ könnten die Koeffizienten a_0, ..., a_m aus dem Gleichungssystem

$$F(x_k) = f(x_k), \qquad k = 0, 1, ..., m, \tag{3.24}$$

bestimmt werden; wegen der punktweisen Übereinstimmung der beiden Funktionen erhält man $Q_d = 0$ und wird auf die im Abschnitt 3.2. behandelte Interpolation zurückgeführt. Im Fall $m > n$ lassen sich die Koeffizienten nicht eindeutig bestimmen. Für Q_d finden wir gemäß (3.23)

$$Q_d = \sum_{k=0}^n [F(x_k; a_0, a_1, ..., a_m) - y_k]^2; \tag{3.25}$$

da die x_k und y_k fest vorgegeben sind, ist Q_d nur eine Funktion der Konstanten a_0, a_1, ..., a_m; wir schreiben deshalb

$$Q_d = Q_d(a_0, a_1, ..., a_m) = \sum_{k=0}^{n} [F(x_k; a_0, a_1, ..., a_m) - y_k]^2 \; .$$

Nach der Approximationsforderung ist $Q_d(a_0, a_1, ..., a_m)$ zu minimieren; die notwendigen Bedingungen dafür lauten

$$\frac{\partial Q_d}{\partial a_0} = 0, \quad \frac{\partial Q_d}{\partial a_1} = 0, \quad ..., \quad \frac{\partial Q_d}{\partial a_m} = 0. \tag{3.26}$$

Dieses Gleichungssystem für die Konstanten a_0, ..., a_m ist zu lösen. Die Gleichungen (3.26) bezeichnet man als *Normalgleichungen*. Wir wollen voraussetzen, daß das System (3.26) genau eine Lösung $\bar{a}_0$, $\bar{a}_1$, ..., $\bar{a}_m$ besitzt, für die $Q_d(a_0, ..., a_m)$ ein Minimum annimmt. (Ist $F(x)$ speziell ein Polynom, so hat das Gleichungssystem (3.26) stets eine eindeutige Lösung, falls die Punkte x_0, x_1, ..., x_n sämtlich voneinander verschieden sind und außerdem $m \leqq n$ gilt.) Dann ist

$$F(x) = F(x; \bar{a}_0, \bar{a}_1, ..., \bar{a}_m) \tag{3.27}$$

die gesuchte approximierende Funktion.

Beispiel 3.5: Die durch eine Wertetafel (Tabelle 3.1, Spalten 2 und 3) gegebene Funktion $y = f(x)$ soll durch eine Funktion der Form $F(x) = \dfrac{a_0}{x} + a_1$ approximiert werden.

In diesem Beispiel ist also $\varphi_0(x) = 1/x$ und $\varphi_1(x) = 1$, $F(x_k; a_0, a_1)$ wird zu

$$F(x_k; a_0, a_1) = a_0 \varphi_0(x_k) + a_1 \varphi_1(x_k) = a_0/x_k + a_1.$$

Tabelle 3.1

1	2	3	4	5	6
k	x_k	y_k	$\dfrac{1}{x_k}$	$\dfrac{1}{x_k^2}$	$\dfrac{y_k}{x_k}$
0	1	6,80	1,000	1,000	6,800
1	2	4,80	0,500	0,250	2,400
2	3	3,90	0,333	0,111	1,300
3	4	3,10	0,250	0,062	0,775
4	5	3,00	0,200	0,040	0,600
5	6	2,80	0,167	0,028	0,467
$\sum$	21	24,40	2,450	1,491	12,342

Wegen $Q_d = \displaystyle\sum_{k=0}^{5} \left[\frac{a_0}{x_k} + a_1 - y_k \right]^2$ finden wir als Normalgleichungen gemäß (3.26)

$$\frac{\partial Q_d}{\partial a_0} = 2 \sum_{k=0}^{5} \left[\frac{a_0}{x_k} + a_1 - y_k \right] \frac{1}{x_k} = 0, \quad \frac{\partial Q_d}{\partial a_1} = 2 \sum_{k=0}^{5} \left[\frac{a_0}{x_k} + a_1 - y_k \right] = 0.$$

Durch Umformung erhalten wir das folgende Gleichungssystem für die Parameter a_0 und a_1:

$$a_0 \sum \frac{1}{x_k^2} + a_1 \sum \frac{1}{x_k} = \sum \frac{y_k}{x_k}, \quad a_0 \sum \frac{1}{x_k} + a_1 \sum 1 = \sum y_k.$$

Durch Einsetzen der Summen, die in den Spalten 4, 5, 6 der Tabelle 3.1 berechnet wurden, ergibt sich

$$1{,}491\,a_0 + 2{,}450\,a_1 = 12{,}342,$$
$$2{,}450\,a_0 + 6\,a_1 = 24{,}4$$

mit der Lösung $\bar{a}_0 = 4{,}84$, $\bar{a}_1 = 2{,}09$. Damit lautet die gesuchte approximierende Funktion

$$F(x) = \frac{4{,}84}{x} + 2{,}09.$$

Um bei praktischen Aufgabenstellungen sinnvolle Ergebnisse zu erzielen, wird man $F(x)$ nicht aus einer willkürlichen Funktionenklasse wählen, sondern aus einer solchen, die Funktionen enthält, die in der Bildkurve mit der nach der Wertetafel skizzierten Funktion $y = f(x)$ etwa übereinstimmen und in ihrer Struktur dem physikalischen Inhalt des betrachteten Prozesses entsprechen (z. B. wird man für Abkühlungsvorgänge die Klasse der Exponentialfunktionen wählen).

Zur Erleichterung des Vergleichs der Bildkurven sind z. B. in [6] Bildkurvenscharen für eine Reihe von Funktionenklassen dargestellt.

Zur Beurteilung der Güte der gefundenen approximierenden Funktion $F(x; \bar{a}_0, \ldots, \bar{a}_m)$ reicht in der Praxis oftmals ein Vergleich zwischen y_k und $F(x_k; \bar{a}_0, \ldots, \bar{a}_m)$ für $k = 0, 1, \ldots, n$ aus. Es empfiehlt sich, dazu eine Skizze der Bildkurven anzufertigen.

Wir wenden uns nun einem praktisch wichtigen und relativ einfach zu handhabenden Spezialfall zu, der diskreten Approximation im Mittel durch Polynome im einzelnen.

Wegen $F(x) = a_0 + a_1 x + \ldots + a_m x^m$ gilt jetzt

$$Q_\mathrm{d}(a_0, a_1, \ldots, a_m) = \sum_{k=0}^{n} [a_0 + a_1 x_k + \ldots + a_m x_k^m - y_k]^2.$$

Die Normalgleichungen (3.26) lauten nun

$$\frac{\partial Q_\mathrm{d}}{\partial a_0} = 2 \sum_{k=0}^{n} [a_0 + a_1 x_k + \ldots + a_m x_k^m - y_k] = 0,$$

$$\frac{\partial Q_\mathrm{d}}{\partial a_1} = 2 \sum_{k=0}^{n} [a_0 + a_1 x_k + \ldots + a_m x_k^m - y_k]\, x_k = 0,$$

$$\cdots\cdots\cdots\cdots\cdots\cdots\cdots\cdots\cdots\cdots\cdots\cdots\cdots\cdots$$

$$\frac{\partial Q_\mathrm{d}}{\partial a_m} = 2 \sum_{k=0}^{n} [a_0 + a_1 x_k + \ldots + a_m x_k^m - y_k]\, x_k^m = 0$$

oder nach entsprechender Umordnung unter Verwendung der Gaußschen Abkürzung für Summen durch eckige Klammern $\left(\sum_{k=0}^{n} u_k = [u] \right)$

$$
\begin{aligned}
(n+1)\,a_0 + [x]\,a_1 &+ \ldots + [x^m]\,a_m = [y], \\
[x]\,a_0 + [x^2]\,a_1 &+ \ldots + [x^{m+1}]\,a_m = [xy], \\
[x^2]\,a_0 + [x^3]\,a_1 &+ \ldots + [x^{m+2}]\,a_m = [x^2 y], \\
\cdots\cdots\cdots\cdots & \cdots\cdots\cdots\cdots\cdots\cdots \\
[x^m]\,a_0 + [x^{m+1}]\,a_1 &+ \ldots + [x^{2m}]\,a_m = [x^m y].
\end{aligned}
\tag{3.28}
$$

Damit haben wir ein lineares Gleichungssystem mit symmetrischer Koeffizientenmatrix für die $m + 1$ gesuchten Koeffizienten a_k gefunden, das mit Hilfe eines der in Abschnitt 2. genannten Verfahren, z. B. dem Gaußschen Algorithmus, gelöst werden kann. Besonders geeignet ist hierfür das Verfahren von Cholesky, das eine Abwandlung des Gaußschen Algorithmus für Gleichungssysteme mit symmetrischer Koeffizientenmatrix ist (siehe z. B. [30]). Unter Benutzung seiner eindeutig bestimmten Lösung (siehe Bemerkung im Abschnitt 3.3.1.) $\bar{a}_0$, $\bar{a}_1$, ..., $\bar{a}_m$ erhält man als approximierende Funktion

$F(x) = \bar{a}_0 + \bar{a}_1 x + \ldots + \bar{a}_m x^m$.

Beispiel 3.6: Eine Messung der Sättigung y des Niederschlagswassers mit Luftsauerstoff (bei 760 mm Hg) ergab die in den Spalten 2 und 3 der Tabelle 3.2 angegebene Abhängigkeit von der Temperatur t. Eine Skizze der Bildkurve zeigt, daß diese nahezu den Verlauf einer quadratischen Parabel hat. Wir setzen deshalb $F(t) = a_0 + a_1 t + a_2 t^2$. Das Gleichungssystem (3.28) lautet konkret

$$\begin{aligned}
7a_0 + \quad\; 105a_1 + \quad\;\; 2\,275a_2 &= \quad\;\; 73,47, \\
105a_0 + \quad 2\,275a_1 + \quad\;\; 55\,125a_2 &= \quad\; 940,95, \\
2\,275a_0 + 55\,125a_1 + 1\,421\,875a_2 &= 19\,273,25.
\end{aligned}$$

Tabelle 3.2

1 k	2 $t_k[°C]$	3 $y_k[\text{mg/l}]$	4 t_k^2	5 t_k^3	6 t_k^4	7 $t_k y_k$	8 $t_k^2 y_k$	9 $F(t_k)$
0	0	14,56	0	0	0	0,00	0,00	14,49
1	5	12,73	25	125	625	63,65	318,25	12,80
2	10	11,25	100	1\,000	10\,000	112,50	1\,125,00	11,32
3	15	10,06	225	3\,375	50\,625	150,90	2\,263,00	10,06
4	20	9,09	400	8\,000	160\,000	181,80	3\,636,00	9,02
5	25	8,26	625	15\,625	390\,625	206,50	5\,162,50	8,19
6	30	7,52	900	27\,000	810\,000	225,60	6\,768,00	7,59
$\sum$	105	73,47	2\,275	55\,125	1\,421\,875	940,95	19\,273,25	

Man erhält die Lösung $\bar{a}_0 = 14,492$, $\bar{a}_1 = -0,361$, $\bar{a}_2 = 0,004$. Somit ist die gesuchte approximierende Funktion

$$F(t) = 14,492 - 0,361 t + 0,004 t^2.$$

In Spalte 9 von Tabelle 3.2 sind die Werte der Funktion $F(t)$ angegeben.

* *Aufgabe 3.2:* Der elektrische Widerstand R eines Leiters wurde bei verschiedenen Temperaturen t gemessen. Es ergaben sich folgende Werte:

$t\,[°C]$	19	25	30	36	40	45	50
$R\,[\Omega]$	76,30	77,80	79,75	80,80	82,35	83,90	85,10

Die Bildkurve $R = f(t)$ zeigt einen fast linearen Verlauf. Führen Sie die diskrete Approximation im Mittel mit einem Polynom 1. Grades durch!

Auf die diskrete Approximation im Mittel durch Polynome lassen sich einige andere Aufgabenstellungen zurückführen. Statt z. B. eine gegebene Funktion $y = f(x)$ durch eine Exponentialfunktion der Gestalt $F(x) = a_0 10^{a_1 x}$ zu approximieren, kann man $Y = \lg f(x)$ durch die lineare Funktion $G(x) = \lg F(x) = a_1 x + \lg a_0$ approximieren und dann zur Ausgangsaufgabe zurückkehren.

In [6] sind für einige Funktionenklassen die dazu notwendigen Transformationen beschrieben.

Für Polynome höheren Grades wird die Approximation nach der Methode der kleinsten Quadrate rechnerisch umfangreich. Man benutzt dann zweckmäßig ein anderes Konstruktionsverfahren für das approximierende Polynom, das sog. *Orthogonalpolynome* verwendet. Hierzu verweisen wir auf die Literatur, z. B. [9].

3.3.2. Stetige Approximation im Mittel

Wir beschränken uns auf die Approximation einer gegebenen stetigen Funktion durch verallgemeinerte Polynome

$$F(x) = a_0\varphi_0(x) + a_1\varphi_1(x) + \ldots + a_m\varphi_m(x) \tag{3.3}$$

auf einem Intervall $[a, b]$, wobei die $\varphi_i(x)$ $(i = 0, \ldots, m)$ ebenfalls stetig seien.

Das Fehlerquadratintegral (3.22) ergibt sich damit zu (der Index bezieht sich im folgenden auf die Anzahl der Funktionen $\varphi_i(x)$):

$$Q_m = \int\limits_a^b [a_0\varphi_0(x) + a_1\varphi_1(x) + \ldots + a_m\varphi_m(x) - f(x)]^2 \, \mathrm{d}x. \tag{3.29}$$

Zur Bestimmung des Minimums von $Q_m = Q_m(a_0, a_1, \ldots, a_m)$ setzen wir die partiellen Ableitungen von Q_m nach den Parametern $a_0, a_1, \ldots, a_m$ gleich Null:

$$\frac{\partial Q_m}{\partial a_i} = 2\int\limits_a^b [a_0\varphi_0(x) + a_1\varphi_1(x) + \ldots + a_m\varphi_m(x) - f(x)] \, \varphi_i(x) \, \mathrm{d}x = 0,$$

$$i = 0, 1, \ldots, m. \tag{3.30}$$

Unter Benutzung der Abkürzungen

$$(\varphi_i, \varphi_j) = \int\limits_a^b \varphi_i(x)\varphi_j(x) \, \mathrm{d}x, \qquad (f, \varphi_i) = \int\limits_a^b f(x)\varphi_i(x) \, \mathrm{d}x$$

erhalten wir aus (3.30) das lineare System der Normalgleichungen

$$\begin{aligned}
a_0(\varphi_0, \varphi_0) + a_1(\varphi_0, \varphi_1) + \ldots + a_m(\varphi_0, \varphi_m) &= (f, \varphi_0), \\
a_0(\varphi_1, \varphi_0) + a_1(\varphi_1, \varphi_1) + \ldots + a_m(\varphi_1, \varphi_m) &= (f, \varphi_1), \\
&\cdots\cdots\cdots\cdots\cdots\cdots\cdots\cdots\cdots\cdots\cdots\cdots\cdots \\
a_0(\varphi_m, \varphi_0) + a_1(\varphi_m, \varphi_1) + \ldots + a_m(\varphi_m, \varphi_m) &= (f, \varphi_m),
\end{aligned} \tag{3.31}$$

das eine eindeutige Lösung $\bar{a}_0, \bar{a}_1, \ldots, \bar{a}_m$ besitzt, wenn die Funktionen $\varphi_0(x)$, $\varphi_1(x)$, $\ldots$, $\varphi_m(x)$ auf dem Intervall $[a, b]$ linear unabhängig sind. Die lineare Unabhängigkeit eines Funktionensystems läßt sich mit der Wronski-Determinante (siehe Band 7/1) nachweisen. Die approximierende Funktion lautet damit $F(x) = \bar{a}_0\varphi_0(x) + \bar{a}_1\varphi_1(x) + \ldots + \bar{a}_m\varphi_m(x)$; ihr entspricht ein minimales Fehlerquadratintegral vom Wert

$$Q_m = \int\limits_a^b [\bar{a}_0\varphi_0(x) + \bar{a}_1\varphi_1(x) + \ldots + \bar{a}_m\varphi_m(x) - f(x)]^2 \, \mathrm{d}x.$$

Offensichtlich erhöht die zur Aufstellung des Gleichungssystems (3.31) notwendige Berechnung von $m(m + 1)$ Integralen den Rechenaufwand erheblich. Da das Funktionensystem $\varphi_i(x)$ $(i = 0, 1, \ldots, m)$ jedoch vorgegeben wird, ist es sinnvoll, solche Funktionensysteme auszuwählen, für die

$$(\varphi_i, \varphi_j) = \int\limits_a^b \varphi_i(x)\varphi_j(x) \, \mathrm{d}x \begin{cases} = 0 & \text{für} \quad i \neq j, \\ > 0 & \text{für} \quad i = j \end{cases} \tag{3.32}$$

gilt. Denn dann erhält man sofort die Parameter $a_0, \ldots, a_m$ aus

$$a_i = \frac{(f, \varphi_i)}{(\varphi_i, \varphi_i)} = \frac{\displaystyle\int_a^b f(x)\varphi_i(x)\,\mathrm{d}x}{\displaystyle\int_a^b [\varphi_i(x)]^2\,\mathrm{d}x}, \qquad i = 0, 1, \ldots, m. \tag{3.33}$$

Funktionensysteme, für die (3.32) gilt, nennt man *orthogonale Funktionensysteme*. Die nach (3.33) berechneten Parameter heißen *Fourier-Koeffizienten* (im allgemeinsten Sinne) der Funktion $f(x)$ bezüglich des orthogonalen Funktionensystems $\varphi_i(x)$ ($i = 0, 1, \ldots, m$).

Ein wichtiges Beispiel für ein orthogonales Funktionensystem ist das trigonometrische Funktionensystem

$$\varphi_0(x) = 1, \qquad \varphi_1(x) = \sin\frac{\pi}{p}x, \qquad \varphi_2(x) = \cos\frac{\pi}{p}x, \qquad \varphi_3(x) = \sin\frac{2\pi}{p}x,$$

$$\varphi_4(x) = \cos\frac{2\pi}{p}x, \ldots, \varphi_{m-1}(x) = \sin\frac{r\pi}{p}x, \qquad \varphi_m(x) = \cos\frac{r\pi}{p}x$$

$\left(p > 0,\, m \text{ gerade},\, r = \dfrac{m}{2}\right)$ auf jedem Intervall der Länge $2p$. Wir legen das Intervall $[-p, p]$ zugrunde. Die Funktionen $\varphi_i(x)$ ($i = 0, 1, \ldots, m$) besitzen die Periode $2p$. Für dieses Funktionensystem gilt

$$(1, 1) = \int_{-p}^{p} 1^2\,\mathrm{d}x = 2p,$$

$$\left(\sin\frac{i\pi}{p}x, \sin\frac{j\pi}{p}x\right) = \int_{-p}^{p} \sin\frac{i\pi}{p}x \sin\frac{j\pi}{p}x\,\mathrm{d}x = \begin{cases} 0 & \text{für} \quad i \neq j, \\ p & \text{für} \quad i = j, \end{cases}$$

$$\left(\cos\frac{i\pi}{p}x, \cos\frac{j\pi}{p}x\right) = \int_{-p}^{p} \cos\frac{i\pi}{p}x \cos\frac{j\pi}{p}x\,\mathrm{d}x = \begin{cases} 0 & \text{für} \quad i \neq j, \\ p & \text{für} \quad i = j, \end{cases}$$

$$\left(\sin\frac{i\pi}{p}x, \cos\frac{j\pi}{p}x\right) = \int_{-p}^{p} \sin\frac{i\pi}{p}x \cos\frac{j\pi}{p}x\,\mathrm{d}x = 0,$$

$$\left(1, \sin\frac{i\pi}{p}x\right) = \left(1, \cos\frac{i\pi}{p}x\right) = 0 \quad \text{für} \quad \text{alle } i.$$

Schreiben wir jetzt das verallgemeinerte Polynom (3.3) in der für dieses Funktionensystem üblichen Form

$$F(x) = \frac{a_0}{2} + a_1\cos\frac{\pi}{p}x + \ldots + a_r\cos\frac{r\pi}{p}x + b_1\sin\frac{\pi}{p}x + \ldots + b_r\sin\frac{r\pi}{p}x,$$

$$\tag{3.34}$$

so erhalten wir aus (3.33) sofort

$$a_i = \frac{1}{p} \int\limits_{-p}^{p} f(x) \cos \frac{i\pi}{p} x \, dx, \qquad i = 0, 1, \ldots, r,$$

$$b_i = \frac{1}{p} \int\limits_{-p}^{p} F(x) \sin \frac{i\pi}{p} x \, dx, \qquad i = 1, 2, \ldots, r.$$

(3.35)

Diese Koeffizienten a_i und b_i heißen *trigonometrische Fourier-Koeffizienten* der Funktion $f(x)$, die entsprechende approximierende Funktion der Gestalt (3.34) heißt *trigonometrisches Fourier-Polynom* der Funktion $f(x)$. Durch Grenzübergang $r \to \infty$ erhält man hieraus die bekannte *trigonometrische Fourier-Reihe* der Funktion $f(x)$

$$f(x) = \frac{a_0}{2} + \sum_{i=1}^{\infty} \left(a_i \cos \frac{i\pi}{p} x + b_i \sin \frac{i\pi}{p} x \right).$$

Die Darstellung einer Funktion durch das trigonometrische Fourier-Polynom bzw. die Fourier-Reihe nennt man auch *harmonische Analyse* (weitergehende, insbesondere theoretische Untersuchungen hierzu findet man z. B. im Band 3 „Unendliche Reihen" dieses Lehrwerks).

Sind die in (3.35) auftretenden Integrale kompliziert oder nicht geschlossen lösbar, oder ist die Funktion $f(x)$ nur als Wertetabelle gegeben, so ist man zur Berechnung der Fourier-Koeffizienten auf Näherungsverfahren angewiesen. Aus der Vielzahl der Verfahren, die sich im wesentlichen durch das verwendete numerische Integrationsverfahren unterscheiden, skizzieren wir hier das *Verfahren von Runge*.

Dabei wird das Intervall $[-p, p]$ durch die Punkte

$$x_k = -p + \frac{2kp}{n}, \qquad k = 1, 2, \ldots, n-1,$$

in n Teilintervalle der Länge $h = \frac{2p}{n}$ zerlegt. Dann können die Integrale (3.35) näherungsweise durch die folgenden Summen ersetzt werden:

$$a_i = \frac{h}{p} \sum_{k=1}^{n} f(x_k) \cos \frac{i\pi}{p} x_k = \frac{2}{n} \sum_{k=1}^{n} f(x_k) \cos \left[i\left(-\pi + \frac{2k\pi}{n} \right) \right],$$
$$i = 0, 1, \ldots, r,$$

$$b_i = \frac{h}{p} \sum_{k=1}^{n} f(x_k) \sin \frac{i\pi}{p} x_k = \frac{2}{n} \sum_{k=1}^{n} f(x_k) \sin \left[i\left(-\pi + \frac{2k\pi}{n} \right) \right],$$
$$i = 1, 2, \ldots, r.$$

(3.36)

Zur Vermeidung von Komplikationen und aus Genauigkeitsgründen sollte $n \geqq 4r$ gewählt werden.

Beispiel 3.7: Die Fourier-Koeffizienten a_0, a_1, b_1 der Funktion $f(x) = x + 2$, $x \in [-2, 2]$, sollen nach den Formeln (3.36) näherungsweise berechnet werden. Wir wählen $n = 8$ ($h = 0{,}5$) und rechnen nach dem Schema von Tabelle 3.3.

Wir finden damit für die Parameter

$$a_0 = \frac{1}{4} \cdot 18 = 4{,}5, \qquad a_1 = \frac{1}{4}(-2) = -0{,}5, \qquad b_1 = \frac{1}{4} \cdot 4{,}8284 = 1{,}2071.$$

Die approximierende Funktion lautet somit

$$F(x) = 2{,}25 - 0{,}5 \cos \frac{\pi}{2} x + 1{,}2071 \sin \frac{\pi}{2} x.$$

Tabelle 3.3

k	x_k	$f(x_k)$	$\alpha_k = -\pi + \dfrac{2k\pi}{n}$	$\cos \alpha_k$	$\sin \alpha_k$	$f(x_k) \cos \alpha_k$	$f(x_k) \sin \alpha_k$
1	$-1{,}5$	0,5	$-135°$	$-0{,}7071$	$-0{,}7071$	$-0{,}3536$	$-0{,}3536$
2	-1	1	$-\;90°$	0	-1	0	-1
3	$-0{,}5$	1,5	$-\;45°$	0,7071	$-0{,}7071$	1,0607	$-1{,}0607$
4	0	2	$0°$	1	0	2	0
5	0,5	2,5	$45°$	0,7071	0,7071	1,7678	1,7678
6	1	3	$90°$	0	1	0	3
7	1,5	3,5	$135°$	$-0{,}7071$	0,7071	$-2{,}4749$	2,4749
8	2	4	$180°$	-1	0	-4	0
Σ		18,0				$-2{,}0000$	4,8284

Ein weiteres wichtiges orthogonales Funktionensystem ist das der *Legendreschen Polynome*

$$\varphi_i(x) = P_i(x) = \frac{1}{2^i i!} \frac{\mathrm{d}^i}{\mathrm{d}x^i} (x^2 - 1)^i, \qquad i = 0, 1, \dots, m, \tag{3.37}$$

auf dem Intervall $[-1, 1]$. Die ersten fünf Legendreschen Polynome $P_0(x) = 1$, $P_1(x) = x$, $P_2(x) = \dfrac{1}{2}(3x^2 - 1)$, $P_3(x) = \dfrac{1}{2}(5x^3 - 3x)$, $P_4(x) = \dfrac{1}{8}(35x^4 - 30x^2 + 3)$ zeigt Bild 3.4.

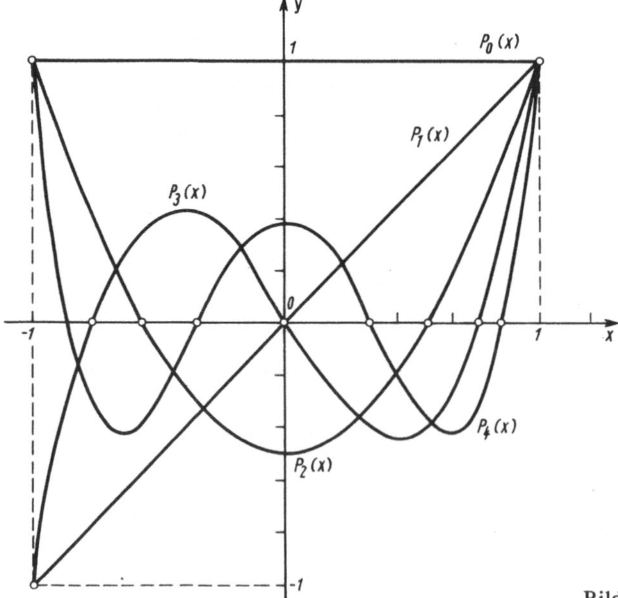

Bild 3.4. Legendre-Polynome

　　　　　　　　　　　　　　　　　　　　　　　　43

Bei Kenntnis der ersten beiden Polynome lassen sich alle weiteren auch nach der Rekursionsformel

$$(i+1)\,P_{i+1} = (2i+1)\,xP_i - iP_{i-1}$$

berechnen. Es gilt

$$(P_i, P_j) = \int\limits_{-1}^{1} P_i(x)\,P_j(x)\,\mathrm{d}x = \begin{cases} 0 & \text{für} \quad i \neq j, \\ \dfrac{2}{2i+1} & \text{für} \quad i = j, \end{cases}$$

damit erhält man nach (3.33) als Fourier-Koeffizienten der Funktion $f(x)$ bezüglich der Legendreschen Polynome

$$a_i = \frac{2i+1}{2} \int\limits_{-1}^{1} f(x)\,P_i(x)\,\mathrm{d}x, \qquad i = 0, 1, \ldots, m. \tag{3.38}$$

Aufgabe 3.3: Approximieren Sie die Funktion $f(x) = \mathrm{e}^x$ auf dem Intervall $[-1, 1]$ unter Benutzung　✳
der Legendreschen Polynome durch ein Polynom 2. Grades.

Von großer Bedeutung sind auch die Tschebyscheff-Polynome, auf die im folgenden Abschnitt näher eingegangen wird.

3.4.　**Weitere Approximationsarten**

Neben der Gauß-Approximation, bei der gefordert wird, daß die Fehlerquadratsumme

$$Q_d = \sum_{k=0}^{n} [F(x_k) - f(x_k)]^2$$

bzw. im stetigen Fall das Fehlerquadratintegral

$$Q_s = \int\limits_{a}^{b} [F(x) - f(x)]^2\,\mathrm{d}x$$

minimal wird, sind noch andere Approximationsarten gebräuchlich.

So wird bei der Tschebyscheff-Approximation, die auch als gleichmäßige Approximation bezeichnet wird, die approximierende Funktion aus der Forderung bestimmt, daß der betragsmäßig maximale Abstand zu minimieren ist, d. h.,

$$T_d = \max_{k = 0, \ldots, n} |F(x_k) - f(x_k)| \tag{3.39}$$

bzw.

$$T_s = \max_{a \leq x \leq b} |F(x) - f(x)| \tag{3.40}$$

ist zu minimieren.

Die klassische Aufgabe der gleichmäßigen Approximation besteht darin, unter allen Polynomen $n-1$-ten Grades ein solches Polynom

$$p_{n-1}(t) = a_0 + a_1 t + \ldots + a_{n-1} t^{n-1}$$

zu ermitteln, das im Sinne der gleichmäßigen Approximation das Polynom

$$p_n(t) = t^n$$

im Intervall $[-1, 1]$ am besten annähert.

Dieses Problem hat eine eindeutige Lösung in Form der Tschebyscheff-Polynome (vgl. Band 12, 1.2.3.)

$$
\begin{aligned}
T_0(t) &= 1 \\
T_1(t) &= t \\
T_2(t) &= t^2 - \frac{1}{2} \\
T_3(t) &= t^3 - \frac{3}{4}\,t \\
&\;\;\vdots \\
T_{n+1}(t) &= tT_n(t) - \frac{1}{4}\,T_{n-1}(t), \qquad n = 1, 2, \ldots\,.
\end{aligned}
\tag{3.41}
$$

Für Tschebyscheff-Polynome gilt die folgende „gewichtete" Orthogonalitätsbeziehung:

$$
\int\limits_{-1}^{+1} \frac{1}{\sqrt{1 - x^2}}\, T_n(x)T_m(x)\,\mathrm{d}x =
\begin{cases}
0 & \text{für}\quad n \neq m, \\[2mm]
\dfrac{\pi}{2^{2n-1}} & \text{für}\quad n = m.
\end{cases}
\tag{3.42}
$$

Große Anwendung finden die Tschebyscheff-Polynome z. B. bei der sog. schnellen Fourier-Transformation zur Entwicklung von Funktionen nach Polynomen.

Bei der Methode der kleinsten Absolutbeträge ist die Summe bzw. das Integral über die Abweichungsbeträge

$$
M_d = \sum_{k=0}^{n} |F(x_k) - f(x_k)|
\tag{3.43}
$$

bzw.

$$
M_s = \int\limits_{a}^{b} |F(x) - f(x)|\,\mathrm{d}x
\tag{3.44}
$$

zu minimieren.

Obwohl die letztgenannten Approximationsarten in den Anwendungen durchaus ihren Platz haben, dominiert aufgrund der relativen Einfachheit und der statistischen Deutung noch die Gaußsche Fehlerquadratmethode.

3.5. Programmierung und Software

Zur Interpolation bietet PP NUMATH-1 vier Basismoduln in Form von FORTRAN-Subroutinen an [31, 3.2.1.]. Der Anwender muß hier insbesondere überlegen, wie er die Ergebnisse geschickt darstellt.

Die Auswertung der Formeln zur linearen diskreten Approximation im Mittel ist einfach und heutzutage schon häufig durch Tastendruck auf einem entsprechend hergerichteten Taschen- oder Tischrechner möglich. Im allgemeinen schließen sich an die Ermittlung der Ausgleichsgerade jedoch noch weitere statistische Rechnungen an (z. B. Angabe der Vertrauensintervalle für die Koeffizienten), so daß Programme für Rechnungen dieser Art besser in der Statistik-Software (z. B. [32]) gesucht werden sollten.

Setzt man Rechnungen zur Fehlerquadratmethode und zu weiterführenden statistischen Untersuchungen jedoch selbst in Programme um, so hat man oft Formeln, in denen annähernd gleich große Zahlen voneinander subtrahiert werden (z. B. Mittelwert minus Meßwerte). Das unkritische Übernehmen dieser Formeln ins Programm führt zu numerischen Instabilitäten! Viele Statistikbücher geben deshalb Umformungen an, in denen derartige Subtraktionen nicht mehr auftauchen.

4. Numerische Integration

4.1. Einführung

Wir betrachten Verfahren zur Lösung bestimmter Integrale

$$I = \int_a^b f(x)\,dx. \tag{4.1}$$

Das Intergral sei nicht uneigentlich. Verfahren zur numerischen bestimmten Integration werden auch als *Quadraturverfahren* bezeichnet.

Die Aufgabe, ein unbestimmtes Integral, d. h. eine Stammfunktion von $f(x)$

$$F(x) = \int f(x)\,dx \tag{4.2}$$

numerisch zu berechnen, kann auch mit den Quadraturverfahren behandelt werden: Da das unbestimmte Integral (4.2) bekanntlich auch in der Form

$$F(x) = \int_a^x f(t)\,dt \tag{4.3}$$

geschrieben werden kann, erhält man Funktionswerte einer Stammfunktion für eine diskrete Punktmenge $x_0, x_1, \ldots, x_n$ durch Berechnung der bestimmten Integrale

$$F(x_0) = \int_a^{x_0} f(t)\,dt, \qquad F(x_1) = \int_a^{x_1} f(t)\,dt, \ldots, \qquad F(x_n) = \int_a^{x_n} f(t)\,dt$$

bei beliebig vorgegebener Zahl a.

Ein numerisches Integrationsverfahren muß dann angewendet werden, wenn entweder $f(x)$ formelmäßig gegeben ist und die geschlossene (d. h. formelmäßige) Integration zu aufwendig oder undurchführbar ist, oder wenn von $f(x)$ nur eine Wertetabelle bekannt ist.

4.2. Mittelwertformeln

Wir wollen vorerst voraussetzen, daß der Integrand $f(x)$ in (4.1) formelmäßig gegeben ist oder daß man an jeder beliebigen Stelle den Funktionswert berechnen kann. Eine Quadraturformel hat allgemein die Form

$$\int_a^b f(x)\,dx \approx \sum_{k=0}^n w_k f(x_k). \tag{4.4}$$

Dabei unterscheiden sich die einzelnen Formeln voneinander durch die Anzahl der Summanden $(n + 1)$, durch die Zahlen x_k und w_k $(k = 0, \ldots, n)$. Die x_k werden Stützstellen und die w_k werden Gewichte der Quadraturformel genannt. Das Integral wird somit berechnet als ein *gewichtetes Mittel* von Funktionswerten, woraus sich der Name „Mittelwertformeln" ergibt.

Bei der Herleitung von Mittelwertformeln in der Form (4.4) gibt man sich die Anzahl der Summanden vor und ermittelt die restlichen Größen so, daß die Formel Polynome möglichst hohen Grades noch exakt integriert, d. h., daß sie möglichst genau wird.

Beispiel 4.1: Wir wollen eine möglichst genaue Quadraturformel für $\int\limits_{-h}^{h} f(x)\,dx$ entwickeln, wobei $n = 1$ vorgegeben sei. Wir versuchen, ein Polynom 4. Grades exakt zu integrieren, d. h.,

$$\int\limits_{-h}^{h}\left(\sum_{m=0}^{4} c_m x^m\right) dx = w_0 \sum_{m=0}^{4} c_m x_0^m + w_1 \sum_{m=0}^{4} c_m x_1^m \tag{*}$$

für alle Koeffizienten c_m ($m = 0, \ldots, 4$). Die formelmäßige Berechnung des Integrals in (*) und nachfolgender Vergleich der Faktoren von $c_0, \ldots, c_4$ auf der linken und rechten Seite liefert das System

$$
\begin{aligned}
w_0 + w_1 &= 2h, \\
w_0 x_0 + w_1 x_1 &= 0, \\
w_0 x_0^2 + w_1 x_1^2 &= \frac{2}{3} h^3, \\
w_0 x_0^3 + w_1 x_1^3 &= 0, \\
w_0 x_0^4 + w_1 x_1^4 &= \frac{2}{5} h^5.
\end{aligned}
\tag{**}
$$

Dieses System besteht aus fünf Gleichungen für vier Unbekannte. Aus den ersten vier Gleichungen erhält man $w_0 = w_1 = h$, $x_{0,1} = \mp \frac{h}{3}\sqrt{3}$. Diese Werte erfüllen die fünfte Gleichung nicht, somit können nur Polynome dritten Grades berücksichtigt werden, und man erhält

$$\int\limits_{-h}^{h} f(x)\,dx \approx h\left[f\left(-\frac{h}{3}\sqrt{3}\right) + f\left(\frac{h}{3}\sqrt{3}\right)\right]. \tag{***}$$

Diese Formel integriert Polynome bis einschließlich dritten Grades exakt.

Allgemein kann man sagen: Hat eine Quadraturformel m zu bestimmende Parameter (Stützstellen und Gewichte), so kann man stets die exakte Integration von Polynomen $(m - 1)$-ten Grades fordern. In Sonderfällen (s. Abschn. 4.2.2.) werden sogar noch Polynome m-ten Grades exakt integriert.

4.2.1. Quadraturformeln von Gauß

Quadraturformeln, die die Maximalgenauigkeit für eine vorgegebene Anzahl von Stützstellen erreichen, sind die Formeln von Gauß, die nur für Integrale mit symmetrischem Integrationsintervall angegeben werden (durch eine Transformation kann man stets ein solches Intervall erreichen):

$$\int\limits_{-h}^{h} f(x)\,dx =
\begin{cases}
2hf(0) + \dfrac{2h^3}{3} f''(\xi), & (n = 0), & (4.5) \\[2ex]
[(***)\ \text{aus Beispiel 4.1}] + \dfrac{h^5}{135} f^{(4)}(\xi), & (n = 1), & (4.6) \\[2ex]
\dfrac{h}{9}\left[5f\left(-\dfrac{h}{5}\sqrt{15}\right) + 8f(0) + 5f\left(\dfrac{h}{5}\sqrt{15}\right)\right] + \dfrac{h^7}{15\,750} f^{(6)}(\xi), & \\[1ex]
& (n = 2). & (4.7)
\end{cases}$$

Den *Quadraturfehler* ermittelt man durch Abschätzen des Restgliedes, wobei ξ eine Zwischenstelle aus $[-h, h]$ ist. Die Stützstellen der Gaußschen Quadraturformeln sind die Nullstellen der Legendreschen Polynome (s. [2], [19], [28]).

4.2.2. Quadraturformeln von Newton-Cotes

Hierbei werden die $n + 1$ Stützstellen x_k äquidistant vorgegeben:

$$x_k = a + kh \quad \text{mit} \quad h = \frac{b - a}{n}, \qquad k = 0, \ldots, n. \tag{4.8}$$

Verfügbar für die Genauigkeit sind somit nur noch die $n + 1$ Gewichte w_k.
Für $n = 1, \ldots, 4$ lauten die Formeln:

$$\int_a^b f(x)\,dx = \begin{cases} \dfrac{h}{2}[f(x_0) + f(x_1)] - \dfrac{h^3}{12}f''(\xi), & (4.9) \\[2ex] \dfrac{h}{3}[f(x_0) + 4f(x_1) + f(x_2)] - \dfrac{h^5}{90}f^{(4)}(\xi), & (4.10) \\[2ex] \dfrac{3h}{8}[f(x_0) + 3f(x_1) + 3f(x_2) + f(x_3)] - \dfrac{3h^5}{80}f^{(4)}(\xi), & (4.11) \\[2ex] \dfrac{2h}{45}[7f(x_0) + 32f(x_1) + 12f(x_2) + 32f(x_3) + 7f(x_4)] - \dfrac{8h^7}{945}f^{(6)}(\xi). & (4.12) \end{cases}$$

Die Stützstellen sind jeweils aus (4.8) zu entnehmen. Eine besondere Eigenschaft dieser
Formeln ist es, daß für gerades n sogar Polynome vom Höchstgrad $n + 1$ exakt integriert
werden (m. a. W.: (4.10) ist so genau wie (4.11)). Die Quadraturformeln (4.9) und (4.10)
sind als Trapez- und Keplersche Faßregel bekannt, (4.11) heißt 3/8-Regel.

4.2.3. Quadraturformeln von Tschebyscheff

Damit die Fehler der Funktionswerte *gleichmäßig* in den Integralwert eingehen, wird gefordert, daß alle Gewichte gleich groß sind: $w_k = w$ ($k = 0, \ldots, n$). Es verbleiben somit
noch die $n + 1$ Stützstellen und die Größe w. Deshalb werden die angegebenen Formeln
Polynome $(n + 1)$-ten Grades exakt integrieren. Es ergibt sich für $n = 0, 1, 2$

$$\int_{-h}^{h} f(x)\,dx = \begin{cases} 2h \cdot f(0) + R_0, & (4.13) \\[2ex] h\left[f\left(-\dfrac{h}{3}\sqrt{3}\right) + f\left(\dfrac{h}{3}\sqrt{3}\right)\right] + R_1, & (4.14) \\[2ex] \dfrac{2h}{3}\left[f\left(-\dfrac{h}{2}\sqrt{2}\right) + f(0) + f\left(\dfrac{h}{2}\sqrt{2}\right)\right] + R_2. & (4.15) \end{cases}$$

Die Formeln sind bis $n = 7$ brauchbar. Für $n = 8$ und $n = 10$ ergeben sich keine reellen
Stützstellen. Die Restglieder sind z. B. in [28] angegeben.

4.2.4. Verallgemeinerte Mittelwertformeln

Durch *Zerlegung des Integrationsintervalls* und Anwendung der Trapezregel bzw. der Faßregel erhält man die verallgemeinerte Trapezregel

$$\int_a^b f(x)\,dx \approx \frac{h}{2}[f(x_0) + 2f(x_1) + 2f(x_2) + \ldots + 2f(x_{n-1}) + f(x_n)] \tag{4.16}$$

und die bekannte Simpson-Regel (n gerade)

$$\int_a^b f(x)\,dx \approx \frac{h}{3}[f(x_0) + 4f(x_1) + 2f(x_2) + \dots + 2f(x_{n-2}) + 4f(x_{n-1}) + f(x_n)],$$

$$(4.17)$$

wobei die Stellen x_k nach Vorgabe von n aus (4.8) folgen.

Beispiel 4.2: $f(x) = 1/x$, $a = 1$, $b = 5$, Verwendung von (4.16).

$$n = \ \ 1 \quad (h_1 = 4): \qquad J_1 = \frac{4}{2}\,(f(1) + f(5)) = 2{,}4,$$

$$n = \ \ 2 \quad (h_2 = 2): \qquad J_2 = \frac{2}{2}(f(1) + 2f(3) + f(5)) = 1{,}866\,67,$$

$$n = \ \ 4 \quad (h_3 = 1): \qquad J_3 = \frac{1}{2}\,(f(1) + 2f(2) + 2f(3) + 2f(4) + f(5)) = 1{,}683\,34,$$

$$n = \ \ 8 \quad (h_4 = 0{,}5): \qquad J_4 = \frac{0{,}5}{2}\,(f(1) + 2f(1{,}5) + \dots + 2f(4{,}5) + f(5)) = 1{,}628\,97,$$

$$n = 16 \quad (h_4 = 0{,}25): \qquad J_5 = 1{,}614\,41,$$

$$n = 32 \quad (h_5 = 0{,}125): \qquad J_6 = 1{,}610\,68,$$

$$n = 64 \quad (h_6 = 0{,}0625): \qquad J_7 = 1{,}609\,75.$$

Der Vergleich mit dem exakten Wert $\ln 5 = 1{,}609\,44$ zeigt, daß man für $n = 64$ in die Nähe des exakten Wertes kommt, d. h. daß über 60 Funktionswertberechnungen notwendig sind. Diese langsame Konvergenz ist ein Nachteil der Trapezregel.

4.3. Romberg-Algorithmus

Zur *Konvergenzbeschleunigung* der verallgemeinerten Trapezregel, d. h. zur Erzielung der gleichen Genauigkeit mit weniger Funktionswertberechnungen, benutzt man das *Extrapolationsprinzip*. Man interpretiert dabei J_1 als $J(h_1)$, J_2 als $J(h_2)$, ... ($h_1 > h_2 > \dots$) und versucht auf geeignete Weise, den Wert $J_\infty = J(0)$, der wegen der Konvergenz der Trapezregel mit dem gesuchten Integralwert übereinstimmt, näherungsweise aus den Werten $J(h_1)$, $J(h_2)$, ..., $J(h_n)$ zu berechnen. Man stellt dazu das Interpolationspolynom von $J(h)$ mit Hilfe von $J(h_1)$, ..., $J(h_n)$ auf und ermittelt den Funktionswert dieses Polynoms an der Stelle $h = 0$. Da diese Stelle außerhalb des von h_1 und h_n begrenzten Intervalls liegt, spricht man von Extrapolation.

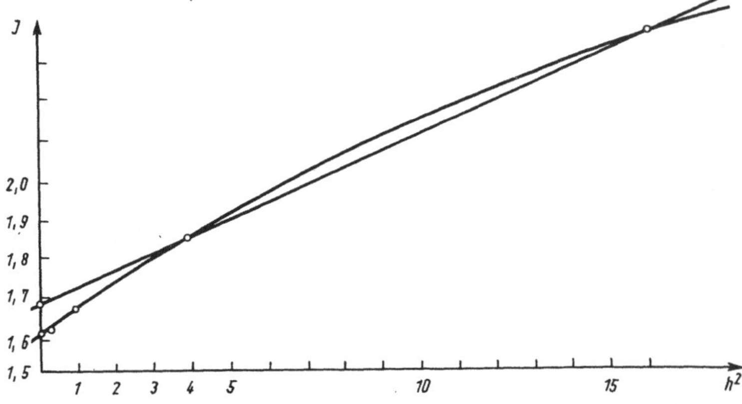

Bild 4.1. Veranschaulichung des Extrapolationsverfahrens (zu Beispiel 4.3)

Beispiel 4.3: Es werden die Ergebnisse von Beispiel 4.2 verwendet. In Bild 4.1 sind die Integralnäherungen über h^2 sowie die ersten Interpolationspolynome eingetragen. (Das Auftragen über h^2 erweist sich bei der formelmäßigen Behandlung als zweckmäßig.) Die Gerade schneidet bei $J_{12} = 1{,}69$, die Parabel bei $J_{13} = 1{,}62$, und die (nicht mehr eingezeichnete) kubische Parabel durch vier Punkte schneidet bei $J_{14} = 1{,}61$ die Ordinatenachse. Der Index 14 besagt, daß dieser Wert aus J_1, J_2, J_3 und J_4 extrapoliert wurde. J_{14} ist somit entstanden unter Verwendung von 9 Funktionswerten, hat aber die gleiche Genauigkeit wie J_7 in Beispiel 4.2!

Das Extrapolations-Quadraturverfahren, das in dem Beispiel eine Konvergenzbeschleunigung offenbarte, hat diese Eigenschaft auch allgemein (s. [21]) bei glatten Funktionen (Funktionen, die überall genügend viele Ableitungen besitzen).

Offenbar ist es nicht notwendig, das gesamte Interpolationspolynom aufzustellen, da nur der Wert für $h = 0$ interessiert. Die Zahlen J_{12}, J_{13}, J_{14}, ... können nacheinander nach dem *Romberg-Algorithmus* berechnet werden.

Es wird vorausgesetzt, daß $h_1 = b - a$, $h_2 = \dfrac{h_1}{2}$, $h_3 = \dfrac{h_2}{2}$, ... gewählt wird. Unter Verwendung des *Steigungsschemas* (vgl. Band 1, Abschnitt 9.6.) erhält man die Gleichungen der Interpolationspolynome. Aus dem Interpolationspolynom 1. Grades folgt für $h^2 = 0$:

$$J_{12} = J_1 + \frac{J_1 - J_2}{h_1^2 - h_2^2}(-h_1^2) = J_2 + \frac{J_2 - J_1}{3}. \tag{4.18}$$

Das Interpolationspolynom 2. Grades liefert für $h^2 = 0$:

$$J_{13} = J_1 + \frac{J_1 - J_2}{h_1^2 - h_2^2}(-h_1^2) + \frac{\dfrac{J_3 - J_2}{h_3^2 - h_2^2} - \dfrac{J_2 - J_1}{h_2^2 - h_1^2}}{h_3^2 - h_1^2}(-h_1^2)(-h_2^2).$$

Unter Verwendung von (4.18) und wegen $h_2^2 = \dfrac{h_1^2}{4}$, $h_3^2 = \dfrac{h_2^2}{4}$ folgt

$$J_{13} = J_{12} + \frac{16}{15}\left[J_3 + \frac{J_3 - J_2}{3} - J_{12}\right]. \tag{4.19}$$

Definiert man nun analog (4.18) eine weitere Größe J_{23} nach

$$J_{23} = J_3 + \frac{J_3 - J_2}{3}, \tag{4.20}$$

so erhält man damit

$$J_{13} = J_{12} + \frac{16}{15}[J_{23} - J_{12}] = J_{23} + \frac{J_{23} - J_{12}}{15}. \tag{4.21}$$

Die allgemeine Beschreibung des Romberg-Algorithmus lautet:

$$J_{jk} = J_{j+1,\,k} + \frac{J_{j+1,\,k} - J_{j,\,k-1}}{4^{k-j} - 1}. \tag{4.22}$$

Die Formeln (4.18) und (4.20) ergeben sich aus (4.22), wenn man $J_1 = J_{11}$, $J_2 = J_{22}$, ... setzt. Die Rechnung erfolgt vorteilhaft in einem Schema:

	1	2	3	4
J_1				
J_2	J_{12}			
J_3	J_{23}	J_{13}		
J_4	J_{34}	J_{24}	J_{14}	
$\vdots$	$\vdots$	$\vdots$	$\vdots$	$\ddots$

Beispiel 4.4: Wir berechnen mit dem Romberg-Schema noch einmal die im vorigen Beispiel grafisch ermittelten Werte J_{12}, J_{13} und J_{14} für $\int\limits_1^5 \frac{1}{x}\,dx$:

	1	2	3
2,4			
1,86 667	1,68 889		
1,68 334	1,62 223	1,61 779	
1,62 897	1,61 085	1,61 009	1,60 997

Mit dem Romberg-Verfahren wurde somit unter Verwendung von 9 Funktionswertberechnungen der Näherungswert 1,60 997 für das Integral $\int\limits_1^5 \frac{1}{x}\,dx$ erhalten.

Bild 4.2 enthält einen Programmablaufplan zur Umsetzung des Romberg-Algorithmus. Bild 4.3 schildert dazu das Unterprogramm mit der Trapezregel.

Die hier zur Konvergenzbeschleunigung benutzte Extrapolationsidee stammt von *Richardson* und ist in ihrer Anwendbarkeit keinesfalls nur auf die Trapezregel bei bestimmten Integralen beschränkt. Man verwendet *Richardson-Extrapolation* auch erfolgreich bei numerischer Differentiation und der Lösung von Anfangswertaufgaben, wobei zu einem gegebenen Basisverfahren nach bestimmter Vorschrift ein Extrapolationstableau aufgestellt wird [16].

4.4. Programmierung und Software

Trapez- und Simpsonregel gelten als beliebte Übungsaufgaben für Programmieranfänger, auch die Einbettung der Trapezregel als Unterprogramm in ein Romberg-Programm wird oft gefordert. Im Vergleich zu anderen numerischen Standardaufgaben kann hier auch der Anfänger brauchbare Programme schreiben. Umfangreiche Organisations-, Steuer- und Diagnoseprozesse sind nicht erforderlich, sofern nicht Integranden besonderer Kompliziertheit vorliegen.

Im PP NUMATH-1 werden drei Basismoduln angeboten – für tabellarisch gegebene Integranden sowie für analytisch gegebene Integranden und niedrige bzw. hohe Genauigkeitsforderung.

Vor der Anwendung vorhandener Software sollte der Integrand daraufhin kritisch geprüft werden, ob das Integral vielleicht auf analytischem Wege bestimmbar ist, ob der Integrand im ganzen Integrationsintervall beschränkt ist, ob eine Vorbehandlung des Integranden sinnvoll ist.

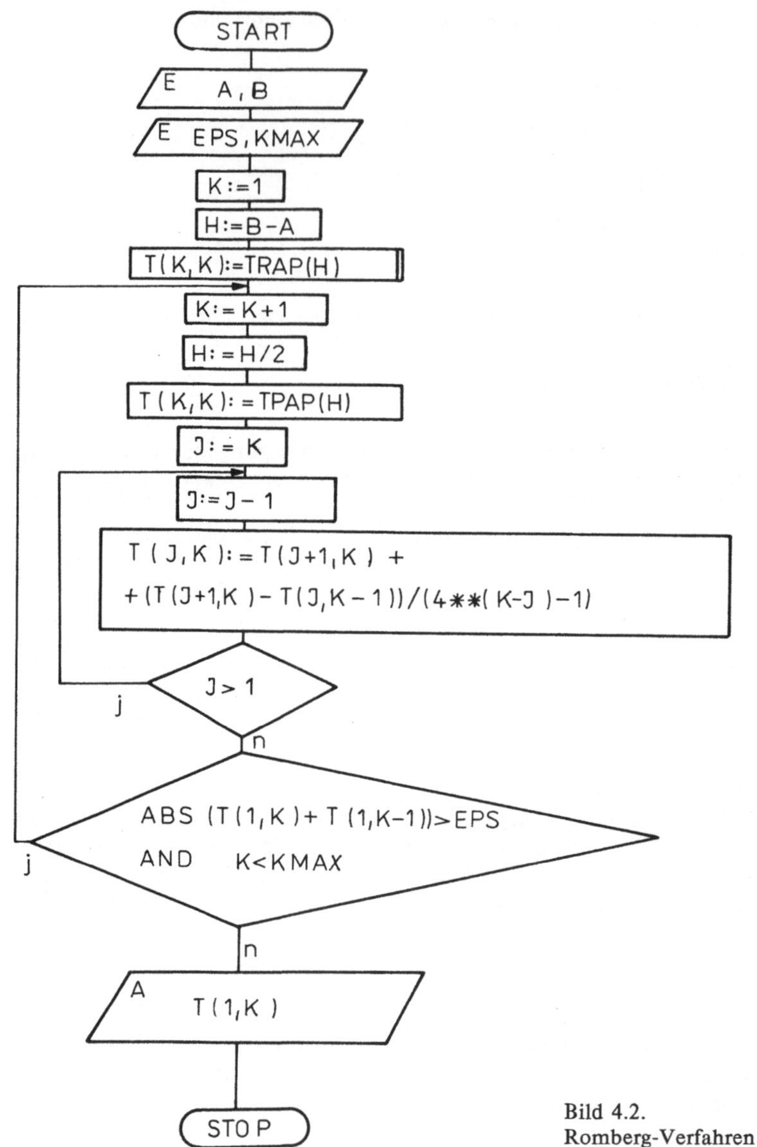

Bild 4.2.
Romberg-Verfahren

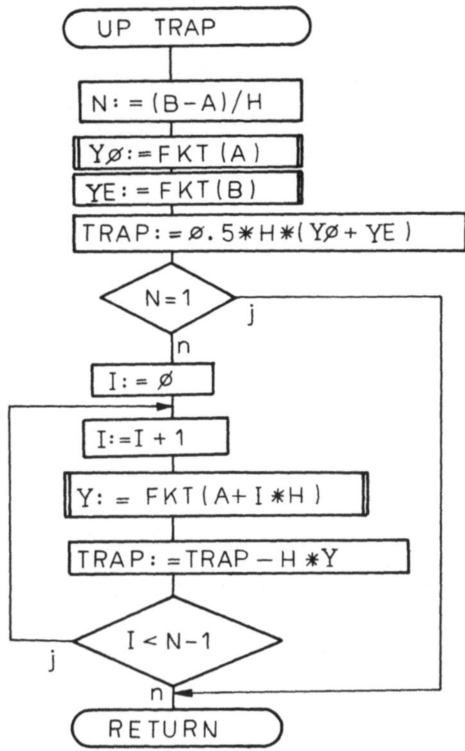

Bild 4.3. Trapezregel-Unterprogramm zum Romberg-Verfahren

5. Numerische Lösung gewöhnlicher Differentialgleichungen

5.1. Einführung

Wie schon im Abschnitt 2.6. des Bandes „Gewöhnliche Differentialgleichungen, Teil 1" dieses Lehrwerks beont wurde, ist die Lösbarkeit einer Differentialgleichung (DGl) auf formelmäßigem Wege ein Spezialfall, der allerdings nach wie vor große Bedeutung besitzt. In der Regel sind jedoch die bei praktischen Problemen auftretenden DGln nicht formelmäßig (man sagt auch „geschlossen") lösbar, zu ihrer Lösung müssen dann numerische Methoden angewandt werden. Ein weiterer Sachverhalt spricht ebenfalls für numerische Lösungsmethoden: Praktische Probleme erfordern im allgemeinen nicht die Ermittlung der gesamten Lösungsschar der DGl.

Wir wollen im folgenden also nicht die Lösung von DGln schlechthin, sondern die Lösung von Problemen betrachtet, die aus DGln *und Bedingungen* bestehen. Je nach Art der Bedingungen unterscheidet man *Anfangs-* (AWA) und *Randwertaufgaben* (RWA), zu denen als Spezialfall noch die *Eigenwertaufgaben* (EWA) gehören. Wir wollen nur solche Aufgaben betrachten, bei denen die Anzahl der Bedingungen mit dem Grad der DGl übereinstimmt (s. auch Band 7, Teil 1).

Wir wenden uns nun den genannten Aufgabenstellungen zu.

5.2. Anfangswertaufgaben

5.2.1. Anfangswertaufgaben bei Differentialgleichungen erster Ordnung

5.2.1.1. Einführung, Problemstellung

Wir betrachten zuerst Verfahren zur Lösung von Problemen, deren mathematisches Modell die Form

$$y' = f(x, y), \tag{5.1}$$

$$y(x_0) = y_0, \tag{5.2}$$

besitzt.

Dabei werde die Lösungsfunktion für $x \geqq x_0$ gesucht. Dann nennt man das Problem (5.1), (5.2) eine *Anfangswertaufgabe* (AWA), und (5.2) heißt *Anfangsbedingung* (AB). Die Bedingungen für Existenz und Einzigkeit der Lösung einer AWA sind in jedem Lehrbuch über höhere Mathematik enthalten (s. auch Band 7, Teil 1). Die DGl (5.1) heißt DGl 1. Ordnung in expliziter Form und ist ein Spezialfall der impliziten DG1 1. Ordnung $F(x, y, y') = 0$. Ist die Lösungsfunktion für $x \leqq x_0$ gesucht, so nennen wir (5.1), (5.2) ein Endwertproblem; durch die Transformation $t = -x$ kann ein Endwertproblem auf eine AWA zurückgeführt werden.

Wir wenden uns jetzt der Beschreibung numerischer Verfahren zu, die die Näherungslösungsfunktion in Form einer Wertetabelle liefern:

$$
\begin{array}{c|c|c|c|c|c}
x & x_0 & x_1 & x_2 & x_3 & \dots \\
\hline
y & y_0 & y_1 & y_2 & y_3 & \dots
\end{array}
; \tag{5.3}
$$

die $y_1, y_2, y_3, \dots$ sind Näherungswerte für die exakten Lösungswerte $y(x_1), y(x_2), y(x_3), \dots$. Dazu müssen die Argumentstellen $x_1, x_2, x_3, \dots$ vorgegeben werden.

Allen Verfahren zur Lösung von Anfangswertaufgaben ist gemeinsam, daß nacheinander die Zahlen $y_1, y_2, y_3, \dots$ bis zum gegebenen Endpunkt ermittelt werden. Die Ermittlung eines Funktionswertes der Lösungsfunktion nennt man dabei einen *Schritt*. Das Verfahren besteht dann in der schrittweisen Anwendung einer Formel zur Berechnung des neuen Funktionswertes aus den bereits vorhandenen Funktionswerten.

Im folgenden sollen einige der bekannten Verfahren beschrieben werden.

5.2.1.2. Ausgangspunkte numerischer Lösungsmethoden

Die Wertetabelle (5.3) sei bereits bis einschließlich (x_n, y_n) $(n \geqq 0, \text{fest})$ berechnet worden. Dabei wollen wir voraussetzen, daß die Argumentstellen $x_0, x_1, \ldots$ gleichabständig (mit der Schrittweite h) vorgegeben seien, d. h.

$$x_k = x_0 + kh, \qquad k = 0, 1, 2, \ldots \tag{5.4}$$

Wir integrieren nun beide Seiten der DGl (5.1) von x_n bis x_{n+1}:

$$\int_{x_n}^{x_{n+1}} y' \, dx = \int_{x_n}^{x_{n+1}} f(x, y(x)) \, dx \tag{5.5}$$

und erhalten

$$y(x_{n+1}) = y(x_n) + \int_{x_n}^{x_{n+1}} f(x, y(x)) \, dx. \tag{5.6}$$

Setzen wir für $y(x_n)$ den vorhandenen Näherungswert y_n ein, so erhalten wir für die Berechnung des Näherungswertes y_{n+1} die Vorschrift

$$y_{n+1} = y_n + \int_{x_n}^{x_{n+1}} f(x, y(x)) \, dx. \tag{5.7}$$

Die im Argument des Integranden vorkommende Funktion $y = y(x)$ ist die gesuchte Lösung; das bestimmte Integral läßt sich also nicht formelmäßig berechnen. Je nach Art der angewandten Integrationsformel erhält man ein spezielles Lösungsverfahren:

a) Unter Verwendung einer Rechteckregel (ohne Restglied) ergibt sich

$$\begin{aligned} y_{n+1} &= y_n + \int_{x_n}^{x_{n+1}} f(x, y) \, dx = y_n + (x_{n+1} - x_n) \cdot f(x_n, y_n) \\ &= y_n + hf(x_n, y_n). \end{aligned} \tag{5.8}$$

b) Unter Verwendung einer anderen Rechteckregel ergibt sich

$$y_{n+1} = y_n + (x_{n+1} - x_n) f(x_{n+1}, y_{n+1}) = y_n + hf(x_{n+1}, y_{n+1}). \tag{5.9}$$

c) Unter Verwendung der Trapezregel ergibt sich

$$y_{n+1} = y_n + \frac{h}{2}[f(x_{n+1}, y_{n+1}) + f(x_n, y_n)]. \tag{5.10}$$

d) Ersetzt man in (5.7) den Integranden durch das durch die Punkte (x_{n-4}, y_{n-4}), $(x_{n-3}, y_{n-3}), \ldots, (x_n, y_n)$ eindeutig bestimmte Interpolationspolynom, so erhält man nach Ausführung der Integration das Verfahren

$$y_{n+1} = y_n + \frac{h}{720}(1901f_n - 2774f_{n-1} + 2616f_{n-2} - 1274f_{n-3} + 251f_{n-4}) \tag{5.11}$$

mit $\quad f_k = f(x_k, y_k), \qquad k = n - 4, \ldots, n.$

e) Betrachtet man die Punkte (x_{n-3}, y_{n-3}), (x_{n-2}, y_{n-2}), ..., (x_{n+1}, y_{n+1}) und verfährt wie unter c), erhält man das Verfahren

$$y_{n+1} = y_n + \frac{h}{720}(251f_{n+1} + 646f_n - 246f_{n-1} + 106f_{n-2} - 19f_{n-3}) \tag{5.12}$$

mit $f_k = f(x_k, y_k)$ $(k = n-3, ..., n+1)$.

Allgemein haben die auf diese Weise aus (5.7) erzeugten Verfahren die Gestalt

$$y_{n+1} = F(y_{n+1}, y_n, y_{n-1}, ..., y_{n-k+1}), \tag{5.13}$$

wobei die Funktion F durch die verwendete Integrationsformel gegeben wird.

Im Falle $k = 1$ spricht man von einem einfach rückgreifenden Verfahren oder Einschrittverfahren, im Falle $k > 1$ von einem k-fach rückgreifenden Verfahren oder Mehrschrittverfahren.

Tritt y_{n+1} als Argument der Funktion F auf, dann liegt ein implizites, anderenfalls ein explizites Verfahren vor.

Die auf den Formeln (5.8) bis (5.12) basierenden Verfahren heißen:
a) Streckenzugverfahren von Euler-Cauchy (explizites Einschrittverfahren),
b) implizites Euler-Cauchy-Verfahren (implizites Einschrittverfahren),
c) verbessertes Euler-Cauchy-Verfahren (implizites Einschrittverfahren),
d) Extrapolationsverfahren von Adams (explizites Mehrschrittverfahren, 5fach rückgreifend),
e) Interpolationsverfahren von Adams (implizites Mehrschrittverfahren, 4fach rückgreifend).

Vor Beginn der Rechnung mit einem k-fach rückgreifenden Verfahren müssen in einer Anlaufrechnung (Startrechnung) mit einem Einschrittverfahren die Werte $y_1, y_2, ..., y_{k-1}$ bestimmt werden, y_0 ist als Anfangswert gegeben.

5.2.1.3. Prediktor-Korrektor-Verfahren

Wir betrachten das verbesserte Euler-Cauchy-Verfahren. Als erstes wird man bei einer konkreten Aufgabe versuchen, die Gleichung (5.10) nach y_{n+1} aufzulösen. Gelingt dies nicht, so muß man sich eine Näherung $y_{n+1}^{(0)}$ für y_{n+1} verschaffen und diese Näherung nach der Vorschrift

$$y_{n+1}^{(v+1)} = y_n + \frac{h}{2}[f(x_{n+1}, y_{n+1}^{(v)}) + f(x_n, y_n)] \tag{5.14}$$

iterativ verbessern.

* *Aufgabe 5.1:* Berechnen Sie nach Formel (5.14) y_1 für die Anfangswertaufgabe $y' = x + y^2$, $y(0) = 1$ mit $h = 0{,}1$ und $y_1^{(0)} = 1$.

Da die Iterationen die Rechnung erschweren, beschränkt man sich auf eine Iteration pro Schritt und versucht dafür möglichst gute Anfangsnäherungen $y_1^{(0)}, y_2^{(0)}, ...$ zu finden.

In unserem Falle bietet sich dafür z. B. das einfache Euler-Cauchy-Verfahren (5.10) an:

$$y_{n+1}^{(0)} = y_n + hf(x_n, y_n). \tag{5.15}$$

Läßt sich nun zeigen, daß diese Anfangsnäherung bereits recht gut ist, so begnügt man sich häufig mit einem Iterationsschritt und schreibt Anfangs- und Verbesserungsformel zusammen auf:

$$y^{(0)}_{n+1} = y_n + hf(x_n, y_n),$$

$$y^{(1)}_{n+1} = y_n + \frac{h}{2}[f(x_{n+1}, y^{(0)}_{n+1}) + f(x_n, y_n)]. \tag{5.16}$$

Die erste Formel von (5.16) wird als *Prediktor* und die zweite Formel als *Korrektor* bezeichnet. Der Wert $y^{(1)}_{n+1}$ ist dann schon die neue Näherung y_{n+1}.

Beispiel 5.1: $y' = x + y^2$, $y(0) = 1$, $h = 0,1$, Rechnung mit Formel (5.16):

1. Schritt: Prediktor: $y^{(0)}_1 = y_0 + h(x_0 + y^2_0) = 1,1$,

   Korrektor: $y^{(1)}_1 = y_0 + \frac{h}{2}(x_1 + (y^{(0)}_1)^2 + x_0 + y^2_0) = 1,1155$.

2. Schritt: Prediktor: $y^{(0)}_2 = y_1 + h(x_1 + y^2_1) = 1,249\,934$,

   Korrektor: $y^{(1)}_2 = y_1 + \frac{h}{2}(x_2 + (y^{(0)}_2)^2 + x_1 + y^2_1) = 1,264\,392$.

Nachdem die Begriffe Prediktor und Korrektor an einem einfach-rückgreifenden Verfahren verdeutlicht wurden, wollen wir mehrfach-rückgreifende implizite Verfahren (z. B. (5.12)) betrachten. Auch bei solchen Verfahren wird man in der Regel nicht nach y_{n+1} auflösen können und iterieren müssen. Folglich ist die Ermittlung eines geeigneten Prediktors zur Vermeidung der Iterationen wiederum sinnvoll.

Aufgabe 5.2: Überlegen Sie, warum ein Prediktor zur Formel (5.12) am günstigsten ein vierfach-rück- *
greifendes explizites Verfahren sein sollte!

Bevor nun einige Prediktor-Verfahren angegeben werden, wollen wir uns verdeutlichen, wie man solche Verfahren allgemein herleiten kann. Da gibt es zunächst einmal die Methode der Anwendung einer Integrationsformel auf das Integral in (5.7). Betrachtet man alle so entstandenen Formeln, so stellt man fest, daß sie die Form

Prediktor:

$$y^{(0)}_{n+1} = y_n + h[b_1 f(x_n, y_n) + b_2 f(x_{n-1}, y_{n-1}) + \ldots + b_k f(x_{n-k+1}, y_{n-k+1})], \tag{5.17}$$

Korrektor:

$$y^{(1)}_{n+1} = y_n + h[d_0 f(x_{n+1}, y^{(0)}_{n+1}) + d_1 f(x_n, y_n) + \ldots + d_k f(x_{n-k+1}, y_{n-k+1})]$$

haben und sich in der Anzahl und im Wert der Koeffizienten b_j ($j = 1, \ldots, k$) und d_j ($j = 0, \ldots, k$) unterscheiden. Die Überlegung, daß die Genauigkeit u. U. größer werden kann, wenn anstelle von y_n eine Linearkombination von Funktionswerten benutzt wird, führte zum verallgemeinerten Ansatz

Prediktor:

$$y^{(0)}_{n+1} = a_1 y_n + \ldots + a_k y_{n-k+1} + h[b_1 f(x_n, y_n) + \ldots + b_k f(x_{n-k+1}, y_{n-k+1})], \tag{5.18}$$

Korrektor:

$$y^{(1)}_{n+1} = c_1 y_n + \ldots + c_k y_{n-k+1} + h[d_0 f(x_{n+1}, y^{(0)}_{n+1}) + \ldots + d_k f(x_{n-k+1}, y_{n-k+1})].$$

Mit diesem Ansatz haben wir uns vom Ausgangspunkt (5.7) gelöst. Die Zahlen a_j, b_j, c_j, d_j ($j = 1, \ldots, k$) und d_0 werden nun nach verschiedenen Gesichtspunkten ermittelt. Dazu zählen auf jeden Fall Genauigkeit und Stabilität.

Eine Maßzahl für die Genauigkeit einer konkreten Formel (5.18) ist die Anzahl der übereinstimmenden Summanden der Taylorentwicklungen von $y(x_{n+1})$ und y_{n+1}, wobei $y(x_j) = y_j$ ($j = n, n-1, \ldots, n-k+1$) angenommen wird und an der Stelle y_n entwickelt wird:

Beispiel 5.2: Wir betrachten das Verfahren (5.8):

$$y_{n+1} = y_n + hf(x_n, y_n). \tag{5.19}$$

Die Taylorentwicklung von $y(x_{n+1})$ lautet:

$$y(x_{n+1}) = y(x_n) + \frac{y'(x_n)}{1!}(x_{n+1} - x_n) + \frac{y''(x_n)}{2!}(x_{n+1} - x_n)^2 + \ldots, \tag{5.20}$$

und unter Verwendung von $y' = f(x, y)$, $y'' = f_x + f_y f$ folgt

$$y(x_{n+1}) = y_n + hf(x_n, y_n) + \frac{h^2}{2}[f_x(x_n, y_n) + f_y(x_n, y_n)f(x_n, y_n) + \ldots]. \tag{5.21}$$

Vergleicht man (5.19) und (5.21) miteinander, so findet man Übereinstimmung in zwei Summanden. Es gilt somit

$$y(x_{n+1}) - y_{n+1} = \frac{h^2}{2!}[f_x(x_n, y_n) + f_y(x_n, y_n)f(x_n, y_n) + \ldots]. \tag{5.22}$$

Man sagt dann, der *Fehler ist von der Ordnung h^2* oder kurz, das Verfahren hat die Ordnung 1. Es ist üblich, diesen Sachverhalt durch die Gleichung

$$y(x_{n+1}) - y_{n+1} = 0(h^2) \tag{5.23}$$

auszudrücken.

So, wie man durch Vergleich der Taylorentwicklungen die Genauigkeit eines Verfahrens feststellen kann, ist umgekehrt nach Vorgabe der Genauigkeit die Ermittlung der Zahlen a_j, b_j, c_j, d_j $(j = 1, \ldots, k)$ und d_0 möglich. Auf diesem Wege sind die folgenden Verfahren entstanden:

a) Verfahren von Stetter $(y(x_{n+1}) - y_{n+1} = 0(h^5))$:

$$y_{n+1}^{(0)} = -4y_n + 5y_{n-1} + 2h[2f(x_n, y_n) + f(x_{n-1}, y_{n-1})],$$
$$y_{n+1}^{(1)} = y_{n-1} + \frac{h}{3}[f(x_{n+1}, y_{n+1}^{(0)}) + 4f(x_n, y_n) + f(x_{n-1}, y_{n-1})]. \tag{5.24}$$

b) Verfahren von Hamming $(y(x_{n+1}) - y_{n+1} = 0(h^5))$:

$$y_{n+1}^{(0)} = y_{n-3} + \frac{4}{3}h[2f(x_n, y_n) - f(x_{n-1}, y_{n-1}) + 2f(x_{n-2}, y_{n-2})],$$
$$y_{n+1}^{(1)} = \frac{1}{8}[9y_n - y_{n-2}] + \frac{3h}{8}[f(x_{n+1}, y_{n+1}^{(0)}) + 2f(x_n, y_n) - f(x_{n-1}, y_{n-1})]. \tag{5.25}$$

Weitere Verfahren findet der Leser in der angegebenen Literatur.

* *Aufgabe 5.3:* Berechnen Sie mit dem Verfahren von Stetter Näherungen für $y(x_2)$ und $y(x_3)$ der Lösung von $y' = x + y^2$, $y(0) = 1$ mit $h = 0,1$. Entnehmen Sie y_1 aus Beispiel 5.1.

Für den Spezialfall, daß Prediktor und Korrektor eines Mehrschrittverfahrens die gleiche Ordnung haben und daß diese Ordnung bekannt ist, läßt sich das Verfahren durch eine *Korrekturrechnung* noch verbessern:
Wir setzen voraus, daß die Zahlen c_1, c_2 und r in den Fehlergleichungen

$$y(x_{n+1}) - y_{n+1}^{(0)} = c_1 h^r y^{(r)}(\xi_1),$$
$$y(x_{n+1}) - y_{n+1}^{(1)} = c_2 h^r y^{(r)}(\xi_2) \tag{5.26}$$

bekannt sind (derartige Fehlergleichungen ergeben sich häufig aus Restgliedern der Taylorentwicklungen, wobei ξ_1 und ξ_2 gewisse Zwischenstellen aus $[x_n, x_{n+1}]$ sind).
Unter der Voraussetzung, daß die r-te Ableitung von y im Intervall $[x_n, x_{n+1}]$ konstant

ist, folgt

$$y^{(1)}_{n+1} - y^{(0)}_{n+1} = -c_2 h^r y^{(r)}(\xi_2) + c_1 h^r y^{(r)}(\xi_1) = (c_1 - c_2)\, h^r K. \tag{5.27}$$

Daraus folgt

$$Kh^r = \frac{y^{(1)}_{n+1} - y^{(0)}_{n+1}}{c_1 - c_2}. \tag{5.28}$$

Die letzte Gleichung kann man in beide Gleichungen von (5.26) einsetzen und erhält damit

$$y(x_{n+1}) - y^{(0)}_{n+1} = c_1 \frac{y^{(1)}_{n+1} - y^{(0)}_{n+1}}{c_1 - c_2},$$

$$y(x_{n+1}) - y^{(1)}_{n+1} = c_2 \frac{y^{(1)}_{n+1} - y^{(0)}_{n+1}}{c_1 - c_2}. \tag{5.29}$$

Die rechts stehenden Zahlen sind nach Beendigung des Schrittes alle bekannt, man kann also *nach* jedem Schritt den Verfahrensfehler von Prediktor- und Korrektorwert einfach ermitteln.

Beispiel 5.3: Beim Verfahren von Hamming gilt $c_1 = \dfrac{14}{45}$, $\qquad c_2 = -\dfrac{1}{40}$.

Damit erhält man:

Fehler des Prediktorwertes: $\quad y(x_{n+1}) - y^{(0)}_{n+1} = \dfrac{112}{121}\,(y^{(1)}_{n+1} - y^{(0)}_{n+1})$;

Fehler des Korrektorwertes: $\quad y(x_{n+1}) - y^{(1)}_{n+1} = -\dfrac{9}{121}\,(y^{(1)}_{n+1} - y^{(0)}_{n+1})$.

Eine Verbesserung des Prediktorwertes durch Hinzufügung des aus (5.29) gefundenen Fehlers ist jedoch erst nach der Korrekturrechnung möglich. Man behilft sich damit, daß man den Prediktorwert mit dem Fehler des vorigen Prediktorwertes korrigiert:

$$y^{(1/2)}_{n+1} = y^{(0)}_{n+1} + \frac{112}{121}\,(y^{(1)}_{n} - y^{(0)}_{n}). \tag{5.30}$$

Diese Formel nennt man *Modifikator* des Hamming-Verfahrens, und damit haben wir die endgültige Form dieses Verfahrens, das aus Prediktor, Modifikator und Korrektor besteht, gefunden:

$$y^{(0)}_{n+1} = y_{n-3} + \frac{4}{3}\,h\,[2f(x_n, y_n) - f(x_{n-1}, y_{n-1}) + 2f(x_{n-2}, y_{n-2})],$$

$$y^{(1/2)}_{n+1} = y^{(0)}_{n+1} + \frac{112}{121}\,(y^{(1)}_{n} - y^{(0)}_{n}), \tag{5.31}$$

$$y^{(1)}_{n+1} = \frac{1}{8}\,[9y_n - y_{n-2}] + \frac{3}{8}\,h\,[f(x_{n+1}, y^{(1/2)}_{n+1}) + 2f(x_n, y_n) - f(x_{n-1}, y_{n-1})].$$

Beispiel 5.4: $y' - y^2 - x = 0$, $y(0) = 1$, $h = 0{,}1$. Es sollen mit (5.31) Näherungen für $y(0{,}4)$ und $y(0{,}5)$ berechnet werden.

Da der Prediktor dreifach-rückgreifend ist, müssen wir y_1, y_2 und y_3 aus einer Startrechnung besorgen. Wir verwenden hier die Ergebnisse von Beispiel 5.6: $y_1 = 1{,}116\,492$, $y_2 = 1{,}273\,563$ und $y_3 = 1{,}488\,018$. Weiter gilt $f(x, y) = x + y^2$, $x_0 = 0$ und $y_0 = 1$.

Rechnung:

$$y_4^{(0)} = 1 + \frac{0{,}4}{3}\,[2f(0{,}3;\,1{,}488\,018) - f(0{,}2;\,1{,}273\,563) + 2f(0{,}1;\,1{,}116\,492)]$$

$$= 1{,}78\,605,$$

$y_4^{(1/2)} = y_4^{(0)}$, da y_3 aus der Startrechnung stammt,

$$y_4^{(1)} = \frac{1}{8}\,[9 \cdot 1{,}488\,018 - 1{,}116\,492] + \frac{0{,}3}{8}\,[f(0{,}4;\,1{,}786\,605) + 2f(0{,}3;\,1{,}488\,018)$$

$$-f(0{,}2;\,1{,}273\,563)] = 1{,}789\,397,$$

$$y_5^{(0)} = 1{,}116\,492 + \frac{0{,}4}{3}\,[2f(0{,}4;\,1{,}789\,597) - f(0{,}3;\,1{,}488\,018) + 2f(0{,}2;\,1{,}273\,563)]$$

$$= 2{,}227\,831,$$

$$y_5^{(1/2)} = 2{,}227\,831 + \frac{112}{121}\,[1{,}789\,397 - 1{,}786\,605] = 2{,}230\,415,$$

$$y_5^{(1)} = \frac{1}{8}\,[9 \cdot 1{,}789\,397 - 1{,}273\,563] + \frac{0{,}3}{8}\,[f(0{,}5;\,2{,}230\,415)$$

$$+2f(0{,}4;\,1{,}789\,397) - f(0{,}3;\,1{,}488\,018)] = 2{,}235\,043.$$

5.2.1.4. Einschrittverfahren

Wir betrachten wiederum das verbesserte Euler-Cauchy-Verfahren (5.10). Man kann sich schnell durch Einsetzen klarmachen, daß der Formelsatz

$$y_{n+1} = y_n + \frac{1}{2}\,(k_1^{(n)} + k_2^{(n)})$$

mit   (5.32)

$$k_1^{(n)} = hf(x_n,\,y_n),$$
$$k_2^{(n)} = hf(x_n + h,\,y_n + k_1^{(n)})$$

nur eine andere Schreibweise des Prediktor-Korrektor-Verfahrens (5.16) ist.
Betrachten wir weiter das Einschrittverfahren

$$y_{n+1} = y_n + \frac{1}{6}\,(k_1^{(n)} + 2k_2^{(n)} + 2k_3^{(n)} + k_4^{(n)})$$

mit

$$k_1^{(n)} = hf(x_n,\,y_n),$$
$$k_2^{(n)} = hf\!\left(x_n + \frac{h}{2},\,y_n + \frac{k_1^{(n)}}{2}\right),$$
$$k_3^{(n)} = hf\!\left(x_n + \frac{h}{2},\,y_n + \frac{k_2^{(n)}}{2}\right),$$
$$k_4^{(n)} = hf(x_n + h,\,y_n + k_3^{(n)}),$$

(5.33)

das als ein Runge-Kutta-Verfahren der Ordnung 4 bekannt ist (siehe Band 7, Teil 1, sowie die Literaturhinweise), so können wir die allgemeine Form eines verbesserten einfach-rückgreifenden Verfahrens zur Lösung von Anfangswertaufgaben 1. Ordnung erkennen:

$$y_{n+1} = y_n + a_1 k_1^{(n)} + a_2 k_2^{(n)} + \dots + a_p k_p^{(n)}$$

mit
$$k_1^{(n)} = hf(x_n, y_n),$$
$$k_2^{(n)} = hf(x_n + b_2 h, y_n + c_2 k_1^{(n)}),$$
$$k_3^{(n)} = hf(x_n + b_3 h, y_n + c_3 k_2^{(n)}),$$

$$\dots\dots\dots\dots\dots\dots\dots\dots\dots$$

$$k_p^{(n)} = (x_n + b_p h, y_n + c_p k_{p-1}^{(n)}).$$

$$(5.34)$$

Die Herleitung eines Verfahrens erfolgt wiederum so, daß p vorgegeben wird und aus der Forderung nach möglichst hoher Ordnung die Koeffizienten $a_1, \dots, a_p, b_2, \dots, b_p$ und $c_2, \dots, c_p$ bestimmt werden.

Beispiel 5.5: Mit $p = 2$ ergibt sich (5.34) durch Einsetzen von $k_1^{(n)}$ und $k_2^{(n)}$ zu

$$y_{n+1} = y_n + a_1 hf(x_n, y_n) + a_2 hf(x_n + b_2 h, y_n + c_2 hf(x_n, y_n)). \tag{5.35}$$

Die Taylorentwicklung von f im letzten Summanden an der Stelle (x_n, y_n) liefert

$$y = y_n + a_1 hf(x_n, y_n) + a_2 h[f(x_n, y_n) + f_x(x_n, y_n) b_2 h + f_y(x_n, y_n) c_2 f(x_n, y_n) + \dots]. \tag{5.36}$$

Der Vergleich mit der Taylorentwicklung von $y(x_{n+1})$

$$y(x_{n+1}) = y_n + hf(x_n, y_n) + \frac{h^2}{2!} [f_x(x_n, y_n) + f_y(x_n, y_n) f(x_n, y_n) + \dots] \tag{5.37}$$

(siehe Beispiel 5.4) nach Potenzen von h erbringt das Gleichungssystem

$$(a_1 + a_2) hf(x_n, y_n) = hf(x_n, y_n),$$
$$a_2 b_2 h^2 f_x(x_n, y_n) = \frac{h^2}{2} f_x(x_n, y_n),$$
$$a_2 c_2 h^2 f_y(x_n, y_n) f(x_n, y_n) = \frac{h^2}{2} f_y(x_n, y_n) f(x_n, y_n)$$

$$(5.38)$$

mit der einen Lösung $a_1 = a_2 = \frac{1}{2}$, $b_2 = c_2 = 1$.

Damit ist wiederum das verbesserte Euler-Cauchy-Verfahren gefunden worden. (Es gibt noch unendlich viele andere Lösungen, d. h. unendlich viele andere Verfahren mit $p = 2$.)

Beispiel 5.6: Von der Lösungsfunktion der AWA $y' - x = y^2$, $y(0) = 1$, sollen Näherungen für die Funktionswerte an den Argumentstellen $x_1 = 0{,}1$, $x_2 = 0{,}2$ und $x_3 = 0{,}3$ berechnet werden.

Wir verwenden das Runge-Kutta-Verfahren (5.33).

Durch Vergleich mit (5.3) und (5.4) liest man ab:

$$f(x, y) = x + y^2, \qquad x_0 = 0, \qquad y_0 = 1 \quad \text{sowie} \quad h = 0{,}1.$$

Rechnung:
$$k_1^{(0)} = 0{,}1 f(0; 1) = 1,$$
$$k_2^{(0)} = 0{,}1 f(0{,}05; 1{,}05) = 0{,}115\,250,$$
$$k_3^{(0)} = 0{,}1 f(0{,}05; 1{,}057\,625) = 0{,}116\,857,$$
$$k_4^{(0)} = 0{,}1 f(0{,}1; 1{,}116\,875) = 0{,}134\,737,$$
$$y_1 = \frac{1}{6} (0{,}1 + 0{,}23\,050 + 0{,}233\,714 + 0{,}134\,737) + 1 = 1{,}116\,492,$$
$$k_1^{(1)} = 0{,}1 f(0{,}1; 1{,}116\,492) = 0{,}134\,655,$$
$$k_2^{(1)} = 0{,}1 f(0{,}15; 1{,}183\,820) = 0{,}155\,143,$$
$$k_3^{(1)} = 0{,}1 f(0{,}15; 1{,}194\,064) = 0{,}157\,579,$$
$$k_4^{(1)} = 0{,}1 f(0{,}2; 1{,}274\,071) = 0{,}182\,326,$$
$$y_2 = 1{,}273\,563,$$
$$k_1^{(2)} = 0{,}182\,196, \quad k_2^{(2)} = 0{,}211\,230, \quad k_3^{(2)} = 0{,}215\,213, \quad k_4^{(2)} = 0{,}251\,645,$$
$$y_3 = 1{,}488\,018.$$

Durch Verwendung des Rechenschemas kann der Schreibaufwand stark gesenkt werden.

Das Rechenschema hat zweckmäßig folgende Form:

n	x	y	$f(x, y) = x + y^2$	$hf(x, y)$
0	0	1	1	0,1
	0,05	1,05	1,15250	0,115250
	0,05	1,057625	1,16857	0,116857
	0,1	1,116875	1,34737	0,134737
1	0,1	1,116492	1,34655	0,134655
	0,15	1,183820	1,55143	0,155143
	0,15	1,194064	1,57579	0,157579
	0,2	1,274071	1,82326	0,182326
2	0,2	1,273563	$\vdots$	$\vdots$

Man kann unter Verwendung der Taylorentwicklungen von y_{n+1} und $y(x_{n+1})$ verbesserte einfach-rückgreifende Verfahren von beliebig hoher Ordnung entwickeln. Andererseits kann man auf diesem Wege die Ordnung eines vorliegenden Verfahrens ermitteln. Das ist u. U. sinnvoll, da es Verfahren gibt, die für $O(h^r)$ entwickelt sind und dann sogar die Ordnung $O(h^{r+1})$ besitzen.

Ist die Ordnung eines Verfahrens bekannt, so ergibt sich die Möglichkeit einer Betrachtung des Verfahrensfehlers sowie einer Korrekturrechnung auf folgende Weise:

Das Verfahren besitze die Ordnung $r - 1$. Man berechnet mit der vorgegebenen Schrittweite h die Werte y_1 und y_2. Danach berechnet man noch einmal y_2 mit einem Schritt und der Schrittweite $2h$. Den mit der kleineren Schrittweite berechneten Näherungswert für $y(x_2)$ wollen wir mit y_2^* und den anderen Näherungswert mit y_2^{**} bezeichnen.

Aus Plausibilitätsbetrachtungen folgt dann näherungsweise

$$y(x_2) - y_2^* = \frac{1}{2^{r-1} - 1} (y_2^* - y_2^{**}). \tag{5.39}$$

Da die Zahlen r, y_2^* und y_2^{**} bekannt sind, kann die Beziehung (5.39) zur Korrektur von y_2^* benutzt werden:

$$y_2^{\text{korr}} = y_2^* + \frac{1}{2^{r-1} - 1} (y_2^* - y_2^{**}). \tag{5.40}$$

In gleicher Weise können alle weiteren Funktionswertnäherungen mit geradem Index korrigiert werden. Zu dieser Korrekturmöglichkeit ist kritisch zu bemerken, daß bei einer Rechnung mit Korrektur jedes zweiten Wertes ein ganzes Drittel des Rechenaufwandes nur für die Korrektur benötigt wird. Es existiert jedoch noch keine andere praktikable Fehlerabschätzung für derartige Verfahren; praktikable Fehlerabschätzungen und Fehlereinschließungen sind noch Gegenstand der Forschung.

Beispiel 5.7: $y' = \dfrac{1,6 - x^2 - y^2}{1,5 + x^2 + xy}$, $y(0) = 0$, $x_1 = 0,1$, $x_2 = 0,2, \dots$

1. Berechnung von y_2 mit $h = 0,1$: $y_2^* = 0,2060$ $\Big\}$ Rechnung mit (5.33), d. h. $r = 5$.
2. Berechnung von y_2 mit $h = 0,2$: $y_2^{**} = 0,2059$

Damit ergibt sich

$$y_2^{\text{korr}} = 0,2060 + \frac{1}{15} 0,0001 = 0,2060 + 0,000007.$$

Der Fehler kann vernachlässigt werden.

Die Korrekturrechnung gibt uns auch nachträglich Auskunft über die richtige *Wahl der Schrittweite*. Da die Schrittweite sowohl Aufwand als auch Genauigkeit bestimmt, ist ihre günstigste Wahl von großer Bedeutung.

In der Regel werden die Argumentstellen x_k ($k = 1, 2, \ldots$), an denen der Funktionswert der Lösungsfunktion gesucht wird, vorgegeben sein. Damit ist auch die Maximalgröße der Schrittweite gegeben. Man beginnt somit mit $h = x_1 - x_0$ die Rechnung. Ist die an y_2^* anzubringende Korrektur nicht zu groß, so kann die Schrittweite beibehalten werden. Andernfalls muß sie verkleinert und die Rechnung noch einmal von vorn begonnen werden usw. Hat man auf diese Weise die Schrittweite ermittelt, mit der y_2 genau genug berechnet wird, so wird diese Schrittweite für y_3 beibehalten. Sie kann dann wieder vergrößert werden, wenn die Korrekturgröße einen Betrag unterhalb einer vorgegebenen Schranke liefert.

Aufgabe 5.4: Die Schrittweite h sei für die vorgegebene Genauigkeit von $y_1, \ldots, y_8$ ausreichend gewe-   *

sen. Bei der Korrektur von y_{10} stellt man fest, daß der Betrag des Korrekturgliedes zu groß ist. Welche Funktionswerte müssen mit halber Schrittweite noch einmal berechnet werden?

Zur Sicherung von Existenz und Eindeutigkeit der Lösung einer Anfangswertaufgabe (5.1), (5.2) fordert man meist u. a., daß die Funktion $f(x, y)$ in einem Gebiet G der x-y-Ebene, das die Lösung enthält, einer Lipschitz-Bedingung genügt: es gibt eine Konstante L, so daß für alle Punktepaare (x, y_1) und (x, y_2) des Gebietes G

$$|f(x, y_1) - f(x, y_2)| \leqq L|y_1 - y_2| \tag{5.41}$$

gilt (L heißt Lipschitz-Konstante).

Zur Schrittweitensteuerung betrachtet man häufig die Schrittkennzahl

$$K = L \cdot h, \tag{5.42}$$

L ist dabei eine Schranke des Betrages der partiellen Ableitung f_y,

$$|f_y| \leqq L, \qquad x_n \leqq x \leqq x_{n+1}. \tag{5.43}$$

Für die in der Praxis üblichen Genauigkeitsforderungen sollte bezüglich der Schrittkennzahl

$$0{,}1 \leqq K \leqq 0{,}2 \tag{5.44}$$

gelten. Beim Runge-Kutta-Verfahren (5.33) kann auf einfache Weise während der Rechnung die Größe der Schrittkennzahl verfolgt werden. Es gilt nämlich für $x = x_n + \dfrac{h}{2}$,

$$y_1 = y_n + \frac{1}{2} k_2^{(n)}, \quad y_2 = y_n + \frac{1}{2} k_1^{(n)}$$

$$\frac{f(x, y_1) - f(x, y_2)}{y_1 - y_2} = \frac{f\left(x_n + \dfrac{h}{2}, y_n + \dfrac{1}{2} k_2^{(n)}\right) - f\left(x_n + \dfrac{h}{2}, y_n + \dfrac{1}{2} k_1^{(n)}\right)}{y_n + \dfrac{1}{2} k_2^{(n)} - y_n - \dfrac{1}{2} k_1^{(n)}}$$

$$= \frac{\dfrac{1}{h}\left(k_3^{(n)} - k_2^{(n)}\right)}{\dfrac{1}{2}\left(k_2^{(n)} - k_1^{(n)}\right)},$$

und damit kann näherungsweise

$$L = \left| \frac{\frac{1}{h}(k_3^{(n)} - k_2^{(n)})}{\frac{1}{2}(k_2^{(n)} - k_1^{(n)})} \right| = \frac{2}{h} \left| \frac{k_3^{(n)} - k_2^{(n)}}{k_2^{(n)} - k_1^{(n)}} \right|$$

gesetzt werden. Daraus folgt für die Schrittkennzahl

$$K = L \cdot h = 2 \left| \frac{k_3^{(n)} - k_2^{(n)}}{k_2^{(n)} - k_1^{(n)}} \right|. \tag{5.45}$$

In der Praxis werden Runge-Kutta-Verfahren mit selbsteinstellender Schrittweite verwandt, die die Schrittweite meist über die Schrittkennzahl (5.45) steuern.

5.2.1.5. Stabilitätseigenschaften der Näherungsverfahren

Bei der Untersuchung der Eigenschaften von Lösungsverfahren für Anfangswertaufgaben spielen die Begriffe Konsistenz, Konvergenz und Stabilität eine besondere Rolle. Die das Lösungsverfahren charakterisierenden Gleichungen approximieren die Gleichungen der Anfangswertaufgabe; viele Verfahren werden ja z. B. – wie dargelegt – durch näherungsweise Berechnung des Integrals in (5.7) erhalten. Dieser Sachverhalt wird durch den Begriff der Konsistenz des Näherungsverfahrens mit dem ursprünglichen Problem präzisiert. Bei der Konvergenz eines Lösungsverfahrens geht es um die Konvergenz der mit ihm für verschiedene Schrittweiten erzeugten Näherungslösungen gegen die exakte Lösung der Anfangswertaufgabe für $h \to 0$. Der Begriff der Stabilität (des Verfahrens) erfaßt den Einfluß der bei Anwendung des Lösungsverfahrens unvermeidlich auftretenden Rundungsfehler auf die Näherungslösung. Zwischen diesen Begriffen bestehen enge Beziehungen, z. B. ist ein stabiles und konsistentes Verfahren auch konvergent.

Große Probleme bei der numerischen Behandlung bereiten sogenannte steife Differentialgleichungen. Sie sind dadurch charakterisiert, daß in der allgemeinen Lösung neben langsam veränderlichen Anteilen auch schnell abklingende Anteile auftreten. Wir betrachten dazu folgendes

Beispiel 5.8: Die Anfangswertaufgabe

$$y' = -10^4 y + 10^4 e^{-x} - e^{-x}, \qquad y(0) = y_0, \qquad x \in [0, 1] \tag{5.46}$$

besitzt die Lösung

$$y(x) = (y_0 - 1)\, e^{-10^4 x} + e^{-x}. \tag{5.47}$$

Die Anwendung des Streckenzugverfahrens von Euler-Cauchy führt nach (5.8) auf die Gleichung

$$y_{n+1} = (1 - 10^4 h)\, y_n + h(10^4 e^{-x_n} - e^{-x_n}), \tag{5.48}$$

durch fortlaufendes Senken des Indexes um 1 folgen hieraus die Gleichungen

$$y_n = (1 - 10^4 h)\, y_{n-1} + h(10^4 e^{-x_{n-1}} - e^{-x_{n-1}}), \tag{5.49}$$

$$y_{n-1} = (1 - 10^4 h)\, y_{n-2} + h(10^4 e^{-x_{n-2}} - e^{-x_{n-2}}), \tag{5.50}$$

$$\vdots$$

$$y_1 = (1 - 10^4 h)\, y_0 + h(10^4 e^{-x_0} - e^{-x_0}). \tag{5.51}$$

Setzen wir in Gleichung (5.49) für y_{n-1} die rechte Seite von Gleichung (5.50) ein, erhalten wir

$$y_n = (1 - 10^4 h)^2\, y_{n-2} + (1 - 10^4 h)\, h(10^4 e^{-x_{n-2}} - e^{-x_{n-2}})$$
$$+ h(10^4 e^{-x_{n-1}} - e^{-x_{n-1}}).$$

Setzen wir diese Vorgehensweise fort, finden wir für y_n die Darstellung

$$y_n = (1 - 10^4 h)^n y_0 + \sum_{k=0}^{n-1} (1 - 10^4 h)^k h (10^4 e^{-x_{n-k-1}} - e^{-x_{n-k-1}}). \tag{5.52}$$

Die Lösung (5.47) verändert sich in einem kleinen Intervall $[0, t]$ sehr schnell wie $y = e^{-10^4 x}$ und dann im Restintervall $[t, 1]$ langsam wie $y = e^{-x}$. (Das Intervall schneller Änderung nennt man auch Grenzschicht.) In der Grenzschicht muß sicher mit kleiner Schrittweite h gerechnet werden, um die schnelle Änderung der Lösung zu erfassen; aber es zeigt sich, daß dies auch außerhalb der Grenzschicht notwendig ist. Aus der Gleichung (5.52) ersieht man, daß aus Stabilitätsgründen

$$|1 - 10^4 h| \leq 1 \tag{5.53}$$

gewählt werden muß, sonst wächst rechts der erste Term mit wachsendem n über alle Grenzen. Aus (5.53) folgt

$$h \leq 0,0002,$$

es sind also mindestens 5 000 Schritte zur Erzeugung der Näherungslösung auf dem Intervall $[0, 1]$ erforderlich. Im Spezialfall $y_0 = 1$ fehlt auf der rechten Seite von (5.52) zwar der erste Term, trotzdem kann h wegen des Terms $(1 - 10^4 h)^k$ unter dem Summenzeichen nicht größer gewählt werden. Verwenden wir zur Lösung das implizite Euler-Cauchy-Verfahren (5.9), erhalten wir

$$y_{n+1} = y_n + h(-10^4 y_{n+1} + 10^4 e^{-x_{n+1}} - e^{-x_{n+1}}) \tag{5.54}$$

oder nach y_{n+1} aufgelöst

$$y_{n+1} = (1 + 10^4 h)^{-1} (y_n + h 10^4 e^{-x_{n+1}} - h e^{-x_{n+1}}). \tag{5.55}$$

Die der Gleichung (5.52) entsprechende Darstellung lautet jetzt

$$y_n = (1 + 10^4 h)^{-n} y_0 + \sum_{k=1}^{n} (1 + 10^4 h)^{-k} h (10^4 e^{x_{n-k+1}} - e^{-x_{n-k+1}}), \tag{5.56}$$

aus der Stabilitätsbedingung

$$|(1 + 10^4 h)^{-1}| \leq 1 \tag{5.57}$$

erwachsen jetzt keine Beschränkungen für die Schrittweite.

Das in diesem Beispiel Erkannte läßt sich verallgemeinern. Bei steifen Differentialgleichungen sind implizite Lösungsverfahren den expliziten vorzuziehen.

Wir wollen nun noch etwas tiefer in die Eigenschaften der Lösungsverfahren eindringen. Den folgenden Untersuchungen legen wir – wie üblich – die Testaufgabe

$$\frac{\mathrm{d}y}{\mathrm{d}x} = \lambda y, \qquad y(x_0) = y_0 \tag{5.58}$$

zugrunde, der Faktor λ darf dabei komplex sein:

$$\lambda = a + \mathrm{i}b. \tag{5.59}$$

Die Testaufgabe hat die Lösung

$$y = y_0 e^{\lambda x}, \tag{5.60}$$

ausgehend von der Lösung kann man leicht zeigen, daß die Testaufgabe für $a \leq 0$ stabil und für $a > 0$ instabil ist (im Falle $a < 0$ spricht man von asymptotischer Stabilität).

Wir wenden nun einige Näherungsverfahren auf die Testaufgabe an.

a) Streckenzugverfahren von Euler-Cauchy (5.8):

$$y_{n+1} = y_n + h \lambda y_n = (1 + h \lambda) y_n, \tag{5.61}$$

b) implizites Euler-Cauchy-Verfahren (5.9):

$$y_{n+1} = y_n + h\lambda y_{n+1},$$
$$y_{n+1} = (1 - h\lambda)^{-1} y_n, \tag{5.62}$$

c) verbessertes Euler-Cauchy-Verfahren (5.10):

$$y_{n+1} = y_n + \frac{h}{2}(\lambda y_n + \lambda y_{n+1}),$$
$$y_{n+1} = \frac{2 + \lambda h}{2 - \lambda h} y_n, \tag{5.63}$$

d) Runge-Kutta-Verfahren (5.33):
Aus $k_1^{(n)} = h\lambda y_n,$

$$k_2^{(n)} = h\lambda\left(y_n + \frac{h\lambda y_n}{2}\right) = h\lambda y_n + \frac{h^2\lambda^2 y_n}{2},$$

$$k_3^{(n)} = h\lambda\left(y_n + \frac{h\lambda y_n}{2} + \frac{h^2\lambda^2 y_n}{4}\right)$$

$$= h\lambda y_n + \frac{h^2\lambda^2 y_n}{2} + \frac{h^3\lambda^3 y_n}{4},$$

$$k_4^{(n)} = h\lambda\left(y_n + h\lambda y_n + \frac{h^2\lambda^2 y_n}{2} + \frac{h^3\lambda^3 y_n}{4}\right)$$

folgt

$$y_{n+1} = \left(1 + h\lambda + \frac{h^2\lambda^2}{2} + \frac{h^3\lambda^3}{6} + \frac{h^4\lambda^4}{24}\right)y_n, \tag{5.64}$$

e) Extrapolationsverfahren von Adams (5.11):

$$y_{n+1} = y_n + \frac{h\lambda}{720}(1901 y_n - 2774 y_{n-1} + 2616 y_{n-2}$$
$$- 1274 y_{n-3} + 251 y_{n-4}). \tag{5.65}$$

Mathematisch gesehen, stellen die Gleichungen (5.61) bis (5.65) homogene lineare Differenzengleichungen dar, diese haben die allgemeine Gestalt

$$y_{n+1} + a_0 y_n + a_1 y_{n-1} + \ldots + a_{k-1} y_{n-k+1} = 0 \tag{5.66}$$

(homogene Differenzengleichung k-ter Ordnung). Macht man den Ansatz $y_{n+1} = e^{r(n+1)}$ $= (e^r)^{n+1} = z^{n+1}$ ($e^r = z$), wird man zur Gleichung

$$z^{n+1} + a_0 z^n + a_1 z^{n-1} + \ldots + a_{k-1} z^{n-k+1} = z^{n-k+1}(z^k + a_0 z^{k-1} + \ldots + a_{k-1}) = 0$$

geführt. Das Polynom

$$p(z) = z^k + a_0 z^{k-1} + \ldots + a_{k-1} \tag{5.67}$$

heißt charakteristisches Polynom der Differenzengleichung (5.66). In der Stabilitätstheorie wird gezeigt, daß ein Näherungsverfahren (bei Anwendung auf die Testaufgabe) stabil ist, wenn die Nullstellen des charakteristischen Polynoms der zugehörigen Differentialgleichung dem Betrage nach kleiner oder gleich 1 sind, sonst ist das Verfahren instabil. Stellt man die stärkere Forderung, daß alle Nullstellen dem Betrage nach kleiner als 1 sein sollen, spricht man von asymptotischer Stabilität des Näherungsverfahrens. Die Menge der Werte $h\lambda$, für die die Differenzengleichung die Bedingung der asymptotischen

Stabilität erfüllt, heißt Stabilitätsgebiet des Näherungsverfahrens. Da der Koeffizient λ komplex sein kann, werden die Stabilitätsgebiete in der komplexen $h\lambda$-Ebene dargestellt. Dabei ist nur die linke Halbebene interessant, weil in der rechten Halbebene $a > 0$ gilt und somit dort die Testaufgabe instabil ist, d.h. nicht ohne weiteres numerisch behandelbar.

Für das Streckenzugverfahren von Euler-Cauchy (5.8) mit der Differenzengleichung (5.61) führt die Forderung der asymptotischen Stabilität zur Abschätzung

$$|1 + h\lambda| < 1 \qquad (\lambda = a + ib) \tag{5.68}$$

oder $(ha + 1)^2 + h^2 b^2 < 1$,
das Stabilitätsgebiet ist in diesem Falle also das Innere des Einheitskreises mit dem Mittelpunkt $ha = -1$, $hb = 0$.

Für das implizite Euler-Cauchy-Verfahren (5.9) mit der Differenzengleichung (5.62) führt die Bedingung

$$|(1 - h\lambda)^{-1}| < 1$$

zur Ungleichung

$$(ha - 1)^2 + h^2 b^2 > 1, \tag{5.69}$$

das Stabilitätsgebiet ist das Äußere des Einheitskreises mit dem Mittelpunkt $ha = 1$, $hb = 0$.

In Bild 5.1 und Bild 5.2 sind die Stabilitätsgebiete bekannter Verfahren skizziert.

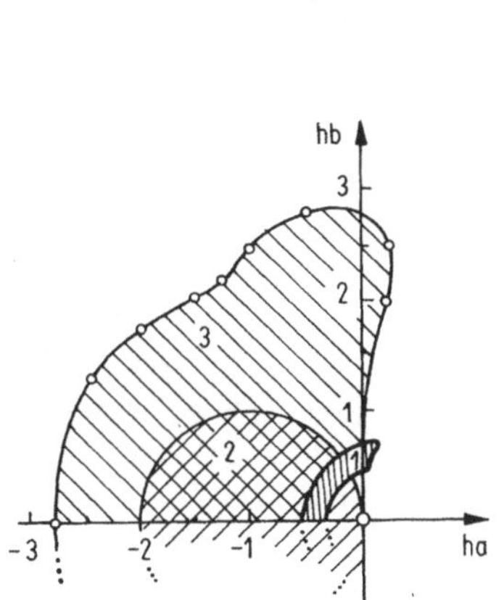

Bild 5.1.
Stabilitätsgebiete.
1. 4fach zurückgreifendes
explizites Adams-Verfahren,
2. Streckenzugverfahren,
3. Runge-Kutta-Verfahren

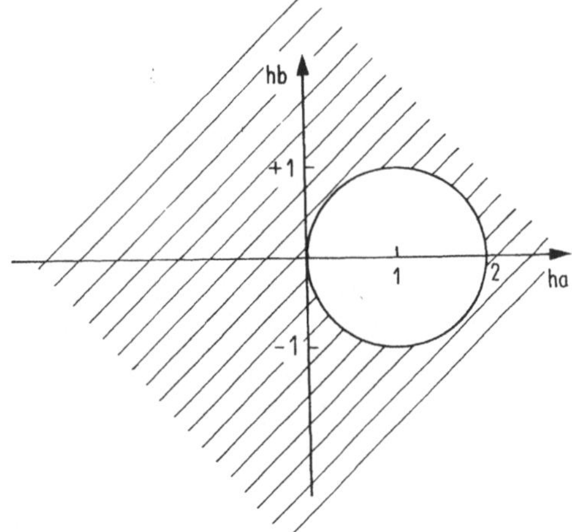

Bild 5.2.
Stabilitätsgebiet des impliziten Euler-
Cauchy-Verfahrens

Natürlich sind möglichst große Stabilitätsgebiete in der linken Halbebene für die Anwendung der Verfahren günstig. Anhand der Ausdehnung der Stabilitätsgebiete werden die Näherungsverfahren auch klassifiziert. Umfaßt z.B. das Stabilitätsgebiet die gesamte linke Halbebene (außer der imaginären Achse), heißt das Näherungsverfahren A-stabil. Das implizite Euler-Cauchy-Verfahren ist A-stabil, es besitzt ein optimales Stabilitätsgebiet. Es gibt viele weitere spezielle Stabilitätsbegriffe.

* *Aufgabe 5.5:* Berechnen Sie Näherungen für die Funktionswerte $y(0, 1)$, $y(0, 2)$, $y(0, 3)$, $y(0, 4)$ und $y(0, 5)$ der Lösungsfunktion des Problems

$$y' = y - \frac{2x}{y^2}, \qquad y(0) = 1.$$

Benutzen Sie dazu das Verfahren von Hamming mit Modifikator (5.31) und als Startrechnung das Runge-Kutta-Verfahren (5.33)!

* *Aufgabe 5.6:* Klassifizieren Sie die folgenden Verfahren zur Lösung von Anfangswertaufgaben 1. Ordnung:
a) Verfahren von Fehlberg (4. Ordnung)

$$y_{n+1} = \frac{1}{17}(9y_n + 9y_{n-1} - y_{n-2}) + \frac{h}{17}[6f(x_{n+1}, y_{n+1}) + 18f(x_n, y_n)], \tag{5.70}$$

b) Verfahren von Gill (4. Ordnung)

$$y_{n+1} = \frac{1}{6}\left(k_1^{(n)} + 2\left(1 - \sqrt{\frac{1}{2}}\right) k_2^{(n)} + 2\left(1 + \sqrt{\frac{1}{2}}\right) k_3^{(n)} + k_4^{(n)} \right)$$

$$\text{mit } k_1^{(n)} = hf(x_n, y_n),$$

$$k_2^{(n)} = hf\left(x_n + \frac{h}{2}, y_n + \frac{k_1^{(n)}}{2}\right),$$

$$k_3^{(n)} = hf\left(x_n + \frac{h}{2}, y_n - \left(\frac{1}{2} - \sqrt{\frac{1}{2}}\right) k_1^{(n)} + \left(1 - \sqrt{\frac{1}{2}}\right) k_2^{(n)}\right),$$

$$k_4^{(n)} = hf\left(x_n + h, y_n - \sqrt{\frac{1}{2}}\, k_2^{(n)} + \left(1 + \sqrt{\frac{1}{2}}\right) k_3^{(n)}\right).$$

$$\tag{5.71}$$

* *Aufgabe 5.7:* Ermitteln Sie das Stabilitätsgebiet für das verbesserte Euler-Cauchy-Verfahren (5.10).

5.2.2. Anfangswertaufgaben bei Systemen von Differentialgleichungen erster Ordnung

Wir betrachten jetzt Probleme, deren mathematisches Modell die Form

$$y_1' = f_1(x, y_1, y_2), \qquad y_1(x_0) = y_{01}, \tag{5.72}$$
$$y_2' = f_2(x, y_1, y_2), \qquad y_2(x_0) = y_{02}$$

hat. Die Lösungsfunktionen $y_1 = y_1(x)$ und $y_2 = y_2(x)$ werden dabei für $x \geqq x_0$ gesucht.

Die Lösungsfunktionen sollen wieder in Form einer Wertetabelle näherungsweise ermittelt werden, wobei die Argumentstellen, an denen Näherungen für $y_1(x)$ und $y_2(x)$ ermittelt werden, übereinstimmen sollen:

x	x_0	x_1	x_2	x_3	$\ldots$
y_1	y_{01}	y_{11}	y_{21}	y_{31}	$\ldots$
y_2	y_{02}	y_{12}	y_{22}	y_{32}	$\ldots$

$$\tag{5.73}$$

Wir führen folgende Vektoren ein:

$$\mathbf{f} = \begin{pmatrix} f_1 \\ f_2 \end{pmatrix}, \qquad \mathbf{y} = \begin{pmatrix} y_1 \\ y_2 \end{pmatrix}.$$

Damit läßt sich (5.72) in der Vektorschreibweise angeben:

$$\mathbf{y}' = \mathbf{f}(x, y_1, y_2) = \mathbf{f}(x, \mathbf{y}), \tag{5.74}$$

$$\mathbf{y}(x_0) = \mathbf{y}_0 = \begin{pmatrix} y_{01} \\ y_{02} \end{pmatrix}. \tag{5.75}$$

Die Abhängigkeit der Komponenten des Vektors **f** von y_1 und y_2 ist in (5.74) einfach dadurch ausgedrückt worden, daß man $\mathbf{f}(x, y_1, y_2) = \mathbf{f}(x, \mathbf{y})$ setzte.

Zu berechnen sind Näherungen y_{11}, y_{21}, ... für $y_1(x_1)$, $y_1(x_2)$ und y_{12}, y_{22}, ... für $y_2(x_1)$, $y_2(x_2)$, ... In der Vektorschreibweise heißt das, daß die

$$\mathbf{y}_n = \begin{pmatrix} y_{n1} \\ y_{n2} \end{pmatrix} \quad \text{für} \quad n = 1, 2, 3, \dots$$

zu ermitteln sind.

Mit Hilfe dieser Vektorschreibweise kann man alle Verfahren, die bisher für AWA bei DGln 1. Ordnung angegeben wurden, auf AWA bei Systemen übertragen. Das sei zunächst am Streckenzugverfahren von Euler-Cauchy (5.8) demonstriert:

Das Verfahren wird in Vektorschreibweise aufgeschrieben:

$$\mathbf{y}_{n+1} = \mathbf{y}_n + h\,\mathbf{f}(x_n, \mathbf{y}_n) \dots \tag{5.76}$$

Damit ist schon die Rechenvorschrift zur Berechnung der Vektoren $\mathbf{y}_1$, $\mathbf{y}_2$, ... gegeben. Die Anwendung von (5.76) auf unser konkret gegebenes System (5.72) erhält man durch komponentenweises Aufschreiben von (5.76):

$$\begin{pmatrix} y_{n+1,1} \\ y_{n+1,2} \end{pmatrix} = \begin{pmatrix} y_{n1} \\ y_{n2} \end{pmatrix} + h \begin{pmatrix} f_1(x_n, y_{n1}, y_{n2}) \\ f_2(x_n, y_{n1}, y_{n2}) \end{pmatrix}. \tag{5.77}$$

Weiter betrachten wir das Runge-Kutta-Verfahren (5.33):

$$\mathbf{y}_{n+1} = \mathbf{y}_n + \frac{1}{6}\,(\mathbf{k}_1^{(n)} + 2\mathbf{k}_2^{(n)} + 2\mathbf{k}_3^{(n)} + \mathbf{k}_4^{(n)})$$

mit $\mathbf{k}_1^{(n)} = h\,\mathbf{f}(x_n, \mathbf{y}_n)$,

$$\mathbf{k}_2^{(n)} = h\,\mathbf{f}\!\left(x_n + \frac{1}{2}\,h,\ \mathbf{y}_n + \frac{1}{2}\,\mathbf{k}_1^{(n)}\right),$$

$$\mathbf{k}_3^{(n)} = h\,\mathbf{f}\!\left(x_n + \frac{1}{2}\,h,\ \mathbf{y}_n + \frac{1}{2}\,\mathbf{k}_2^{(n)}\right), \tag{5.78}$$

$$\mathbf{k}_4^{(n)} = h\,\mathbf{f}(x_n + h,\ \mathbf{y}_n + \mathbf{k}_3^{(n)}).$$

Die Hilfsgrößen $\mathbf{k}_1^{(n)}$, ..., $\mathbf{k}_4^{(n)}$ sind jetzt ebenfalls Vektoren. Die Anwendung von (5.78) auf das System (5.72) liefert die Formeln:

$$\begin{pmatrix} y_{n+1,1} \\ y_{n+1,2} \end{pmatrix} = \begin{pmatrix} y_{n1} \\ y_{n2} \end{pmatrix} + \frac{1}{6}\left[\begin{pmatrix} k_{11}^{(n)} \\ k_{12}^{(n)} \end{pmatrix} + 2\cdot\begin{pmatrix} k_{21}^{(n)} \\ k_{22}^{(n)} \end{pmatrix} + 2\cdot\begin{pmatrix} k_{31}^{(n)} \\ k_{32}^{(n)} \end{pmatrix} + \begin{pmatrix} k_{41}^{(n)} \\ k_{42}^{(n)} \end{pmatrix}\right]$$

mit

$$\begin{pmatrix} k_{11}^{(n)} \\ k_{12}^{(n)} \end{pmatrix} = h \begin{pmatrix} f_1(x_n, y_{n1}, y_{n2}) \\ f_2(x_n, y_{n1}, y_{n2}) \end{pmatrix},$$

$$\begin{pmatrix} k_{21}^{(n)} \\ k_{22}^{(n)} \end{pmatrix} = h \begin{pmatrix} f_1\!\left(x_n + \frac{1}{2}\,h,\ y_{n1} + \frac{1}{2}\,k_{11}^{(n)},\ y_{n2} + \frac{1}{2}\,k_{12}^{(n)}\right) \\ f_2\!\left(x_n + \frac{1}{2}\,h,\ y_{n1} + \frac{1}{2}\,k_{11}^{(n)},\ y_{n2} + \frac{1}{2}\,k_{12}^{(n)}\right) \end{pmatrix},$$

$$\begin{pmatrix} k_{31}^{(n)} \\ k_{32}^{(n)} \end{pmatrix} = h \begin{pmatrix} f_1\!\left(x_n + \frac{1}{2}\,h,\ y_{n1} + \frac{1}{2}\,k_{21}^{(n)},\ y_{n2} + \frac{1}{2}\,k_{22}^{(n)}\right) \\ f_2\!\left(x_n + \frac{1}{2}\,h,\ y_{n1} + \frac{1}{2}\,k_{21}^{(n)},\ y_{n2} + \frac{1}{2}\,k_{22}^{(n)}\right) \end{pmatrix}, \tag{5.79}$$

$$\begin{pmatrix} k_{41}^{(n)} \\ k_{42}^{(n)} \end{pmatrix} = h \begin{pmatrix} f_1(x_n + h,\ y_{n1} + k_{31}^{(n)},\ y_{n2} + k_{32}^{(n)}) \\ f_2(x_n + h,\ y_{n1} + k_{31}^{(n)},\ y_{n2} + k_{32}^{(n)}) \end{pmatrix}.$$

Beispiel 5.9:

$$y_1' = f_1(x, y_1, y_2) = x - y_1 + 2y_2, \; y_1(0) = 1,$$
$$y_2' = f_2(x, y_1, y_2) = x + 4y_1 - y_2^2, \; y_2(0) = -1.$$

Es wird ein Schritt mit $h = 0,1$ durchgerechnet:

$$k_{11}^{(0)} = 0,1 f_1(0; 1; -1) = -0,3,$$
$$k_{12}^{(0)} = 0,1 f_2(0; 1; -1) = 0,3,$$
$$k_{21}^{(0)} = 0,1 f_1(0,05; 0,85; -0,85) = -0,25,$$
$$k_{22}^{(0)} = 0,1 f_2(0,05; 0,85; -0,85) = 0,2728,$$
$$k_{31}^{(0)} = 0,1 f_1(0,05; 0,875; -0,8636) = -0,2552,$$
$$k_{32}^{(0)} = 0,1 f_2(0,05; 0,875; -0,8636) = 0,2804,$$
$$k_{41}^{(0)} = 0,1 f_1(0,1; 0,7448; -0,7196) = -0,2084,$$
$$k_{42}^{(0)} = 0,1 f_2(0,1; 0,7448; -0,7196) = 0,2561,$$

$$y_{11} = 1 + \frac{1}{6}[-0,3 - 0,5 - 0,5104 - 0,2084] = 0,7469,$$

$$y_{12} = -1 + \frac{1}{6}[0,3 + 0,5456 + 0,5608 + 0,2561] = -0,7229.$$

Die Anwendung von Mehrschrittverfahren auf Systeme erfolgt analog; wir wollen dies an dem Verfahren von Stetter (5.24) demonstrieren. Aus der Vektorschreibweise dieses Verfahrens ergibt sich der folgende Formelsatz für das Problem (5.72):

Prediktor:

$$\begin{pmatrix} y_{n+1,1}^{(0)} \\ y_{n+1,2}^{(0)} \end{pmatrix} = -4 \begin{pmatrix} y_{n1} \\ y_{n2} \end{pmatrix} + 5 \begin{pmatrix} y_{n-1,1} \\ y_{n-1,2} \end{pmatrix} + 2h \left[2 \begin{pmatrix} f_1(x_n, y_{n1}, y_{n2}) \\ f_2(x_n, y_{n1}, y_{n2}) \end{pmatrix} + \begin{pmatrix} f_1(x_{n-1}, y_{n-1,1}, y_{n-1,2}) \\ f_2(x_{n-1}, y_{n-1,1}, y_{n-1,2}) \end{pmatrix} \right],$$

Korrektor:

$$\begin{pmatrix} y_{n+1,1}^{(1)} \\ y_{n+1,2}^{(1)} \end{pmatrix} = \begin{pmatrix} y_{n-1,1} \\ y_{n-1,2} \end{pmatrix} + \frac{h}{3} \left[\begin{pmatrix} f_1(x_{n+1}, y_{n+1,1}^{(0)}, y_{n+1,2}^{(0)}) \\ f_2(x_{n+1}, y_{n+1,1}^{(0)}, y_{n+1,2}^{(0)}) \end{pmatrix} + 4 \begin{pmatrix} f_1(x_n, y_{n1}, y_{n2}) \\ f_2(x_n, y_{n1}, y_{n2}) \end{pmatrix} + \begin{pmatrix} f_1(x_{n-1}, y_{n-1,1}, y_{n-1,2}) \\ f_2(x_{n-1}, y_{n-1,1}, y_{n-1,2}) \end{pmatrix} \right].$$

Beispiel 5.10: Wir berechnen mit diesem Verfahren unter Verwendung der Ergebnisse von Beispiel 5.9 die Funktionswertnäherungen y_{21} und y_{22} für $y_1(x_2)$ bzw. $y_2(x_2)$ mit $x_2 = 0, 2$.

$$y_{21}^{(0)} = -4 \cdot 0,7469 + 5 \cdot 1 + 0,2 \, [2 f_1(0,1; 0,7469; -0,7229) + f_1(0; 1; -1)]$$
$$= 0,5753,$$
$$y_{22}^{(0)} = -4 \, (-0,7229) + 5 \, (-1) + 0,2 \, [2 f_2(0,1; 0,7469; -0,7229) + f_2(0; 1; -1)]$$
$$= -0,4824,$$
$$y_{21}^{(1)} = 1 + \frac{0,1}{3} [f_1(0,2; 0,5753; -0,4824) + 4 f_1(0,1; 0,7469; -0,7229) + f_1(0; 1; -1)]$$
$$= 0,5763,$$
$$y_{22}^{(1)} = -1 + \frac{0,1}{3} [f_2(0,2; 0,5753; -0,4824) + 4 f_2(0,1; 0,7469; -0,7229) + f_2(0; 1; -1)]$$
$$= -0,4824.$$

Die gesuchten Näherungen lauten somit $y_1(x_2) \approx 0,5763$, $y_2(x_2) \approx -0,4824$.

Liegt ein System mit mehr als zwei DGln vor, so ist das lediglich beim Aufschreiben der Komponenten der „Vektorvorschrift" (z. B. (5.78) für das Runge-Kutta-Verfahren) zu berücksichtigen. Für den Anwender ist somit die Verwendung der angegebenen Verfahren für Systeme mit beliebig vielen DGln ohne Schwierigkeiten möglich. Kompliziert wird dagegen die Untersuchung derartiger Verfahren (für Systeme) auf Ordnung und Stabilität sowie die Herleitung von Formeln zur Fehlerabschätzung und Korrektur. In der Regel bleibt die Ordnung eines Verfahrens für eine AWA 1. Ordnung bei der Anwendung auf Systeme erhalten.

5.2.3. Anfangswertaufgaben bei gewöhnlichen Differentialgleichungen höherer Ordnung

Zur Lösung von AWA bei DGln höherer Ordnung gibt es sowohl Ein- als auch Mehrschrittverfahren, z. B. von Nyström und von Falkner (siehe z. B. in [1], [7]). Andererseits kann man bekanntlich derartige AWA auf AWA bei einem System von DGln 1. Ordnung zurückführen (siehe Band 7/1 dieses Lehrwerkes). Damit sind alle Verfahren der vorigen Abschnitte anwendbar.

Beispiel 5.11: $v'' = 1 - xv' - x^2v,$ $v(0) = 1,$ $v'(0) = 2.$
Mit $v' = u$ ergibt sich die AWA bei einem System

$$v' = u, \qquad v(0) = 1,$$
$$u' = 1 - xu - x^2v, \qquad u(0) = 2.$$

5.2.4. Programmierung und Software

Programme zur Lösung von Anfangswertaufgaben, in denen nur die Rechenvorschrift umgesetzt ist und die sonst keine Schrittweiten- oder Fehlerdiagnosen bzw. -mechanismen enthalten, sind wertlos! Man sollte sich also nicht von der scheinbaren Einfachheit der angegebenen Algorithmen täuschen lassen: Brauchbare Programme zur Lösung von Anfangswertaufgaben enthalten weitaus mehr an Organisation, Fehlerdiagnose, Schrittweitensteuerung, Stabilitätssicherung usw. als an eigentlicher Rechnung. Deshalb sei vor übertriebener Eigeninitiative gewarnt, zumal die vom Computer als „Ergebnis" ausgegebenen Zahlen sich nicht ohne weiteres auf ihre Richtigkeit prüfen lassen (bei Gleichungssystemen hatte man da wenigstens noch die Möglichkeit des Einsetzens in die Ausgangsaufgabe).

PP NUMATH-1 bietet sechs international bewährte Software-Bausteine, wiederum in Form von FORTRAN-Subroutinen [31, 3.6.1.7.], die im Betriebssystem OS/ES auf ESER-Anlagen verfügbar sein können. Sollte doch die Notwendigkeit bestehen, selbst ein Programm zur Lösung von Anfangswertaufgaben schreiben zu müssen, so muß sehr viel Sorgfalt auf die Steuerung der Schrittweite gelegt werden, so wie es im Abschnitt 5.2.1.4. angedeutet worden ist.

In Bild 5.3 wird der prinzipielle Rechnungsgang bei Umsetzung des einfachen Runge-Kutta-Verfahrens mit selbsteinstellender Schrittweite durch einen Programmablaufplan dargestellt.

5.3. Randwertaufgaben

5.3.1. Einführung

Ein mathematisches Modell heißt *Randwertaufgabe*, wenn es aus einer DGl n-ter Ordnung (oder einem System von n DGln 1. Ordnung)

$$F(x, y, y', \ldots, y^{(n)}) = 0 \qquad (5.80)$$

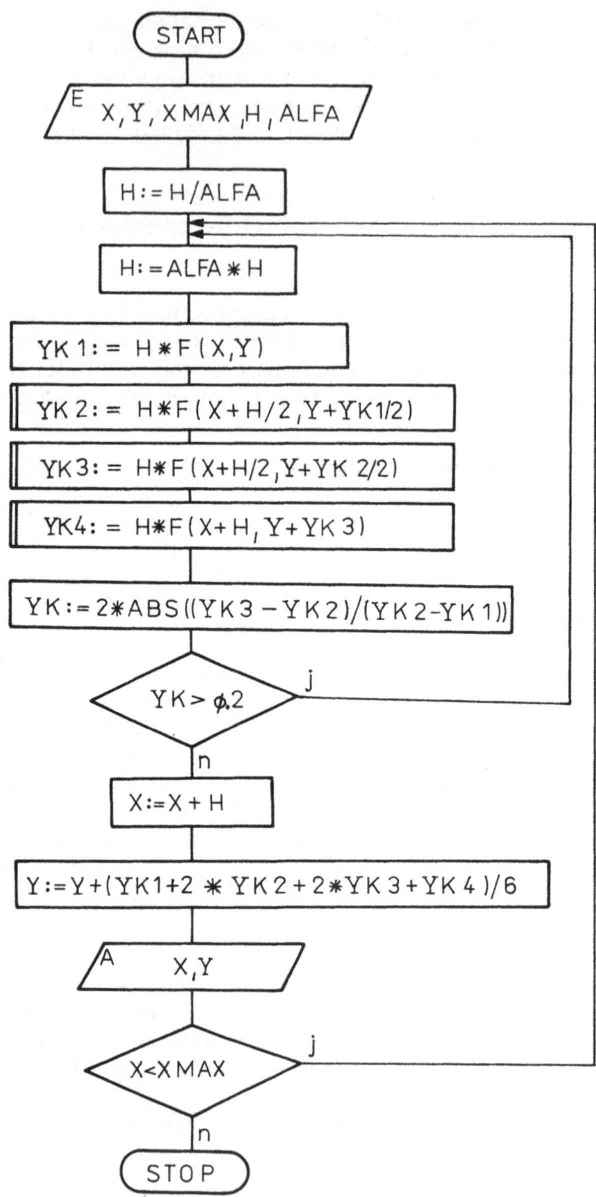

Bild 5.3. Runge-Kutta-Verfahren mit selbsteinstellender Schrittweite $(0 < \alpha < 1)$

und n Bedingungen der Form

$$V_j(y(x_1), y'(x_1), ..., y^{(n-1)}(x_1), y(x_2), ..., y^{(n-1)}(x_2), ..., y(x_m), ...,$$
$$y^{(n-1)}(x_m)) = 0, \qquad j = 1, ..., n, \tag{5.81}$$

besteht.

Die Bedingungen (5.81) sind Forderungen an die Lösungsfunktion sowie ihre Ableitungen in m verschiedenen vorgegebenen Punkten $x_1, \ldots, x_m$. Die Lösungsfunktion ist in der Regel im Intervall $[x_1, x_m]$ zu ermitteln. Das Problem (5.80), (5.81) wird *m-Punkt-RWA* genannt; von besonderer Bedeutung für die Praxis sind *Zweipunkt-RWA* ($m = 2$), die wir im folgenden betrachten, wobei der Zusatz „Zweipunkt" weggelassen wird.

Eine lineare RWA besteht aus einer linearen DGl n-ter Ordnung

$$L[y] = c_n(x) y^{(n)} + c_{n-1}(x) y^{(n-1)} + \ldots + c_1(x) y' + c_0(x) y = r(x) \tag{5.82}$$

und n *linearen Randbedingungen*

$$U_j[y] = \sum_{k=0}^{n-1} (\alpha_{jk} y^{(k)}(a) + \beta_{jk} y^{(k)}(b)) = \gamma_j, \qquad j = 1, \ldots, n. \tag{5.83}$$

Dabei sind $r(x)$ und die $c_k(x)$ gegebene Funktionen und α_{jk}, β_{jk} und γ_j gegebene Konstanten. $L[y]$ heißt *linearer Differentialoperator*, und die $U_j[y]$ heißen *lineare Randoperatoren*, deren Eigenschaften wir als bekannt voraussetzen wollen. Die RWA

$$F(x, y, y', y'') = 0, \qquad y(a) = y_a, \qquad y(b) = y_b \tag{5.84}$$

ist die einfachste RWA, weil mindestens an zwei verschiedenen Stellen Bedingungen an die Lösungsfunktion gestellt werden müssen (bei einer Bedingung erhält man eine AWA, die demnach eine spezielle RWA ist). Hierbei ist die Lösung in dem Intervall $[a, b]$ zu berechnen. Wir wollen an dieser Aufgabe einige Verfahren demonstrieren, wobei die explizite Form

$$y'' = f(x, y, y'), \qquad y(a) = y_a, \qquad y(b) = y_b \tag{5.85}$$

verwendet wird.

5.3.2. Zurückführung auf Anfangswertaufgaben

Wir lösen die Differentialgleichung aus (5.85) mit der Anfangsbedingung $y(a) = y_a$, $y'(a) = y'_{a,1}$, wobei $y'_{a,1}$ willkürlich vorgegeben worden ist, mit einem in 5.2.3. angegebenen Verfahren. Die Lösung wollen wir $y_1(x)$ nennen. Wenn $y_1(b) = y_b$ gilt, haben wir die Lösung des Problems (5.85) gefunden, dann ist $y(x) = y_1(x)$. Wenn die rechte Randbedingung nicht erfüllt ist, wird nach bestimmten Strategien diejenige Anfangssteigung gesucht, für die die rechte Randbedingung erfüllt wird. Dieses Vorgehen bezeichnet man auch als „Einschießen".

Bei linearen Problemen

$$L[y] = c_2(x) y'' + c_1(x) y' + c_0(x) y = r(x), \tag{5.86}$$
$$y(a) = y_a, \qquad y(b) = y_b$$

löst man die beiden AWA

$$\text{I:} \ L[y] = r(x), \qquad y(a) = y_a, \qquad y'(a) = y_{a,1},$$
$$\text{II:} \ L[y] = r(x), \qquad y(a) = y_a, \qquad y'(a) = y_{a,2},$$

mit beliebig vorgegebenen verschiedenen Anfangssteigungen $y_{a,1}$ und $y_{a,2}$ und erhält dann, wie in [30] hergeleitet wird, die Lösung der RWA aus

$$y(x) = \frac{y_b - y_{\mathrm{II}}(b)}{y_{\mathrm{I}}(b) - y_{\mathrm{II}}(b)} \, y_{\mathrm{I}}(x) + \frac{y_{\mathrm{I}}(b) - y_b}{y_{\mathrm{I}}(b) - y_{\mathrm{II}}(b)} \, y_{\mathrm{II}}(x). \tag{5.87}$$

Die Formel ist auch dann noch brauchbar, wenn für y_{I} und y_{II} nur Näherungen vorliegen.

Beispiel 5.12: $y'' - y = 4x - x^3, \qquad y(0) = 0, \qquad y(1) = 3$.

Es werden die AWA

I: $y'' - y = 4x - x^3, \qquad y(0) = 0, \qquad y'(0) = 0,$

II: $y'' - y = 4x - x^3, \qquad y(0) = 0, \qquad y'(0) = 3,$

gelöst. Man erhält $y_I(1) = -(e^1 - e^{-1}) + 3$, $y_{II}(1) = \dfrac{1}{2}(e^1 - e^{-1}) + 3$. Damit ergibt sich

$$y(x) = \frac{1}{3}\, y_I(x) + \frac{2}{3}\, y_{II}(x).$$

Die Funktionen $y_I(x)$, $y_{II}(x)$ und $y(x)$ sind in Bild 5.4 angegeben.

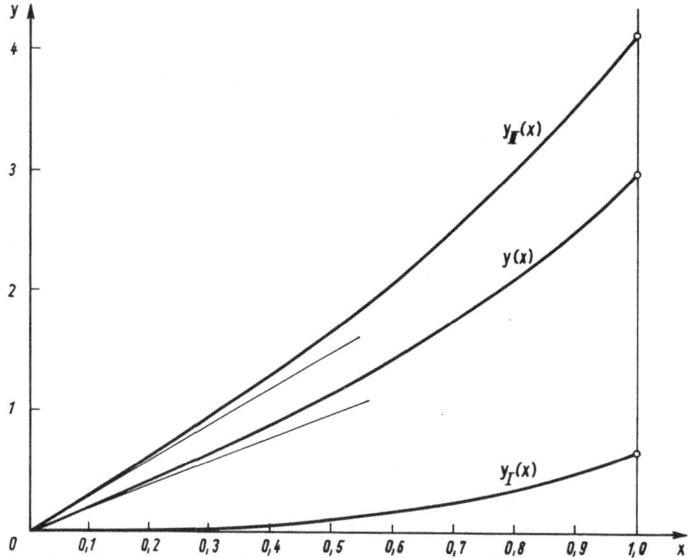

Bild 5.4. Schießmethode zur Lösung von Randwertaufgaben durch Zurückführung auf Anfangswertaufgaben (zu Beispiel 5.12)

Bei nichtlinearen Randwertaufgaben muß die unbekannte Anfangsbedingung (bzw. der Satz unbekannter Anfangsbedingungen bei Systemen erster Ordnung) iterativ ermittelt werden. Jeder Iterationsschritt erfordert dabei die Lösung einer Anfangswertaufgabe und – bei Systemen – die Lösung eines nichtlinearen Gleichungssystems. Außerordentlich erfolgreich wurde in jüngster Zeit mit der *Mehrfachschießmethode* (Mehrzielmethode, multiple shooting) gearbeitet, bei der die Anfangswertaufgaben jeweils nur über einem Teil des Lösungsintervalls gelöst werden. Obwohl sich dadurch gegenüber dem Einfachschießen die Zahl der zu bestimmenden Anfangswerte vervielfacht, steigt der Rechenaufwand durch Ausnutzung spezieller Strukturen nicht in gleichem Maße an. Außerdem gelingt es mit diesem Vorgehen, die Unwägbarkeiten des Lösungsverhaltens nichtlinearer Randwertaufgaben numerisch zu beherrschen. Man vgl. hierzu [26].

5.3.3. Differenzenverfahren

Wir gehen wiederum vom Problem (5.85) aus und setzen uns das Ziel, eine Wertetabelle

x		$x_0 = a$	x_1	x_2	x_3	$\ldots$	x_{n-1}	$x_n = b$
y		y_a	y_1	y_2	y_3	$\ldots$	y_{n-1}	y_b

$$\text{(5.88)}$$

der Näherungswerte der Lösungsfunktion zu ermitteln, wobei die Argumentwerte gleichabständig sein sollen, d.h. $x_k = a + k \cdot h$, $k = 0, ..., n$, mit $h = \dfrac{b-a}{n}$. Da die Lösung der DGl an den Stellen $x_k (k = 1, ..., n-1)$ interessiert, schreibt man sich die DGl aus (5.85) an diesen Stellen auf

$$
\begin{aligned}
y''(x_1) \quad &= f(x_1, y(x_1), y'(x_1)), \\
y''(x_2) \quad &= f(x_2, y(x_2), y'(x_2)), \\
&\vdots \\
y''(x_{n-1}) &= f(x_{n-1}, y(x_{n-1}), y'(x_{n-1})).
\end{aligned}
\tag{5.89}
$$

Dieses System besteht aus $n-1$ Gleichungen für die $3(n-1)$ „Unbekannten"
$y(x_1), ..., y(x_{n-1}), y'(x_1), ..., y'(x_{n-1}), y''(x_1), ..., y''(x_{n-1})$.

Das Prinzip des Differenzenverfahrens besteht darin, in (5.89) und den Randbedingungen alle Differentialquotienten durch Differenzenquotienten zu ersetzen. Die einfachsten Ersetzungsformeln sind

$$
\begin{aligned}
y'(x_k) &= \frac{1}{h}(y_{k+1} - y_k), \\[2mm]
y'(x_k) &= \frac{1}{h}(y_k - y_{k-1}), \\[2mm]
y'(x_k) &= \frac{1}{2h}(y_{k+1} - y_{k-1}) \quad \text{(„zentrale Differenz")}, \\[2mm]
y''(x_k) &= \frac{1}{h^2}(y_{k+1} - 2y_k + y_{k-1}).
\end{aligned}
\tag{5.90}
$$

Derartige Formeln erhält man unter Verwendung der Taylorschen Formel. Wir schreiben Gleichheitszeichen und beachten, daß die rechts auftretenden Zahlen y_{k-1}, y_k, y_{k+1} Näherungen für $y(x_{k-1})$, $y(x_k)$ bzw. $y(x_{k+1})$ sind.

Setzt man Formeln aus (5.90) in (5.89) ein, so erhält man ein i. allg. nichtlineares Gleichungssystem, das nur noch die gesuchten Funktionswertnäherungen enthält.

Beispiel 5.13: Bei der Knickbiegung eines Stabes unter Einfluß einer axial angreifenden Druckkraft und einer verteilten Querbelastung erhält man die Verteilung der Biegemomente $y(x)$ als Lösung der (vereinfachten) DGl

$$
y'' + (1 + x^2)y = -1 \tag{*}
$$

mit den Randbedingungen

$$
y(-1) = y(1) = 0.
$$

Zur Anwendung des obigen Verfahrens geben wir uns $n = 6$ vor und erhalten damit $h = \dfrac{1}{3}$, $x_1 = -\dfrac{2}{3}$, $x_2 = -\dfrac{1}{3}$, $x_3 = 0$, $x_4 = \dfrac{1}{3}$, $x_5 = \dfrac{2}{3}$. Wir schreiben die DGl an diesen Stellen auf:

$$
y''(x_k) + (1 + x_k^2)\, y(x_k) = -1, \qquad k = 1, ..., 5.
$$

Danach werden die Ableitungswerte (hier sind es die Zahlen $y''(x_k)$, $k = 1, ..., 5$) mittels einer Formel aus (5.90) ersetzt:

$$
\frac{1}{h^2}(y_{k+1} - 2y_k + y_{k-1}) + (1 + x_k^2)\, y_k = -1, \qquad k = 1, ..., 5.
$$

Diese Gleichung wird umgestellt und $h = \frac{1}{3}$ eingesetzt:

$$9y_{k+1} - (18 - (1 + x_k^2))\, y_k + 9y_{k-1} = -1, \qquad k = 1, \ldots, 5. \tag{**}$$

Nun wird das System ausführlich aufgeschrieben:

$$k = 1 \quad \left(x_k = -\frac{2}{3}\right): \quad 9y_2 - \left(18 - \left(1 + \frac{4}{9}\right)\right) y_1 + 9y_0 = -1,$$

$$k = 2 \quad \left(x_k = -\frac{1}{3}\right): \quad 9y_3 - \left(18 - \left(1 + \frac{1}{9}\right)\right) y_2 + 9y_1 = -1,$$

$$k = 3 \quad (x_k = 0): \quad 9y_4 - (18 - (1 + 0\,))\, y_3 + 9y_2 = -1,$$

$$k = 4 \quad \left(x_k = \frac{1}{3}\right): \quad 9y_5 - \left(18 - \left(1 + \frac{1}{9}\right)\right) y_4 + 9y_3 = -1,$$

$$k = 5 \quad \left(x_k = \frac{2}{3}\right): \quad 9y_6 - \left(18 - \left(1 + \frac{4}{9}\right)\right) y_5 + 9y_4 = -1.$$

Das Gleichungssystem besteht aus 5 Gleichungen für 7 Unbekannte $y_0, \ldots, y_6$. Da wir aber ein Randwertproblem zu lösen haben, müssen auch die Randbedingungen berücksichtigt werden. Diese liefern im vorliegenden Fall gerade die fehlenden Gleichungen

$$y(-1) = y_0 = 0, \qquad y(1) = y_6 = 0.$$

Damit haben wir das Randwertproblem auf die Lösung eines Gleichungssystems zurückgeführt; die Lösung lautet

$$y_1 = 0{,}5172, \quad y_2 = 0{,}8404, \quad y_3 = 0{,}9486, \quad y_4 = 0{,}8404, \quad y_5 = 0{,}5172.$$

(Man kann die Rechnung durch Ausnutzen der Symmetrie des Problems zu $x = 0$ vereinfachen.)

* *Aufgabe 5.8:* Ermitteln Sie eine Wertetabelle der Lösungsfunktion von $y'' + x^2 y = -2$, $y(-1) = y(1) = 0$ mit $h = 0{,}5$.

Zur Anwendung des Differenzenverfahrens auf RWA bei DGln höherer Ordnung benutzt man die Differenzenformeln

$$y'''(x_k) = \frac{1}{2h^3} \left(y_{k+2} - 2y_{k+1} + 2y_{k-1} - y_{k-2}\right), \tag{5.91}$$

$$y^{(4)}(x_k) = \frac{1}{h^4} \left(y_{k+2} - 4y_{k+1} + 6y_k - 4y_{k-1} + y_{k-2}\right)$$

und geht wie oben beschrieben vor.

Zur Genauigkeitssteigerung beim Differenzenverfahren benutzt man genauere Differenzenformeln als (5.90) und (5.91). Eine verbesserte Differenzenformel für die 1. Ableitung ist z. B.

$$y'(x_k) = \frac{1}{12h} \left(y_{k-2} - 8y_{k-1} + 8y_{k+1} - y_{k+2}\right). \tag{5.92}$$

Die Herleitung solcher Formeln erfolgt unter Verwendung der Taylorentwicklung (s. [30], [7]).

5.3.4. Ansatzmethoden

Während mit dem Differenzenverfahren nur eine Wertetabelle der Lösungsfunktion der RWA berechnet wird, erhält man mit den Ansatzmethoden eine Näherungslösung in formelmäßiger Darstellung. Dazu gibt man sich einen Ansatz

$$\tilde{y}(x) = g(x, a_1, \ldots, a_m), \tag{5.93}$$

meist von der Form

$$\tilde{y}(x) = \varphi_0(x) + \sum_{k=1}^{m} a_k \varphi_k(x)$$

mit linear unabhängigen Funktionen $\varphi_1(x)$, ..., $\varphi_m(x)$, vor und bestimmt dann die Parameter a_1, ..., a_m so, daß die Randbedingungen exakt und die DGl der RWA möglichst gut erfüllt werden. Es wird für die DGl (5.85) z. B. gefordert:

$$M_1(a_1, ..., a_m) = \int_a^b w(x)\,[\tilde{y}''(x) - f(x, \tilde{y}(x), \tilde{y}'(x))]^2\,\mathrm{d}x \to \min! \tag{5.94}$$

oder

$$M_2(a_1, ..., a_m) = \sum_{k=0}^{n} w(x_k)\,[\tilde{y}''(x_k) - f(x_k, \tilde{y}(x_k), \tilde{y}'(x_k))]^2 \to \min! \tag{5.95}$$

oder

$$M_3(a_1, ..., a_m) = \max_{a \leq x \leq b} |\tilde{y}''(x) - f(x, \tilde{y}(x), \tilde{y}'(x))| \to \min! \tag{5.96}$$

Dabei sind a und b die Grenzen des Intervalls, in dem die Lösung der RWA berechnet werden soll, und x_0, ..., x_n vorgegebene Stellen aus diesem Intervall. Die Funktion $w(x)$ ($w(x) > 0$ für $0 \leq x \leq b$) heißt *Gewichtsfunktion*; durch geeignete Vorgabe von $w(x)$ kann man erreichen, daß die sogenannte „Defektfunktion" $\tilde{y}'' - f(x, \tilde{y}, \tilde{y}')$ unterschiedlich stark bewertet wird.

M_1 und M_2 entsprechen der stetigen bzw. diskreten mittleren Approximation, d.h. der Fehlerquadratmethode, M_3 entspricht der Tschebyscheff-Approximation.

Wir wollen nun voraussetzen, daß die Funktion $\tilde{y}(x) = g(x, a_1, ..., a_m)$ unabhängig von der Wahl der Parameter a_1, ..., a_m immer die Randbedingungen erfülle, so daß diese Parameter nur noch so gewählt werden müssen, daß die DGl nach einer der obigen Forderungen (5.94) bis (5.96) möglichst gut erfüllt wird. Wir überlegen uns, wie wir diejenigen Werte von a_1, ..., a_m ermitteln können, für die $M_1(a_1, ..., a_m)$ minimal wird. Nach der klassischen Extremwertermittlung ergibt sich das Gleichungssystem (wir wollen $w(x) = 1$ setzen) für a_1, ..., a_m:

$$\frac{\partial M_1}{\partial a_1} = 2 \int_a^b [\tilde{y}''(x) - f(x, \tilde{y}(x), \tilde{y}'(x))] \left[\frac{\partial}{\partial a_1} [\tilde{y}''(x) - f(x, \tilde{y}(x), \tilde{y}'(x))] \right] \mathrm{d}x = 0,$$

$$\vdots \tag{5.97}$$

$$\frac{\partial M_1}{\partial a_m} = 2 \int_a^b [\tilde{y}''(x) - f(x, \tilde{y}(x), \tilde{y}'(x))] \left[\frac{\partial}{\partial a_m} [\tilde{y}''(x) - f(x, \tilde{y}(x), \tilde{y}'(x))] \right] \mathrm{d}x = 0.$$

Dieses System ist ein Spezialfall von

$$\int_a^b [\tilde{y}''(x) - f(x, \tilde{y}(x), \tilde{y}'(x))]\,v_1(x)\,\mathrm{d}x = 0,$$

$$\vdots \tag{5.98}$$

$$\int_a^b [\tilde{y}''(x) - f(x, \tilde{y}(x), \tilde{y}'(x))]\,v_m(x)\,\mathrm{d}x = 0.$$

Alle Ansatzmethoden zur Lösung der RWA (5.85), bei denen zur Vereinfachung der Rechnung die Parameter $a_1, \ldots, a_m$ aus einem Gleichungssystem der Form (5.98) mit orthogonalen Funktionen $v_1(x), \ldots, v_m(x)$ bestimmt werden, heißen *Verfahren nach dem Prinzip der Fehlerorthogonalität*.

Wir wollen uns im folgenden mit dem Spezialfall „Lineare Randwertaufgaben und lineare Ansätze" ausführlicher beschäftigen. Man benutzt zur Lösung von (5.82), (5.83) lineare Ansätze:

$$\tilde{y}(x) = \varphi_0(x) + \sum_{k=1}^{m} a_k \varphi_k(x), \tag{5.99}$$

wobei

$$U_j[\varphi_k] = \begin{cases} \gamma_j & \text{für} \quad k = 0, \\ 0 & \text{für} \quad k = 1, \ldots, m, \end{cases} \qquad j = 1, \ldots, n, \tag{5.100}$$

gelte (d. h., φ_0 erfüllt die RB, und alle anderen φ_k verschwinden an dem Rand). Somit erfüllt $\tilde{y}$ für alle $a_1, \ldots, a_m$ die Randbedingungen.

Zur Bestimmung der Parameter $a_1, \ldots, a_m$ wollen wir M_1 mit $w(x) = 1$ verwenden: Es gilt

$$L[\tilde{y}] = L[\varphi_0] + a_1 L[\varphi_1] + \ldots + a_m L[\varphi_m]$$

und

$$\frac{\partial L[\tilde{y}]}{\partial a_k} = L[\varphi_k], \qquad k = 1, \ldots, m. \tag{5.101}$$

Die Defektfunktion lautet jetzt $L[\tilde{y}] - r(x)$, und unter Beachtung von (5.101) erhält man durch Einsetzen dieser Defektfunktion anstelle von $\tilde{y}'' - f(x, \tilde{y}, \tilde{y}')$ in (5.97) das Gleichungssystem

$$\int_a^b [L[\tilde{y}] - r(x)] \frac{\partial}{\partial a_k} [L[\tilde{y}] - r(x)] \, dx = 0, \qquad k = 1, \ldots, m, \tag{5.102}$$

woraus folgt:

$$\int_a^b [L[\tilde{y}] - r(x)] L[\varphi_k] \, dx = 0, \qquad k = 1, \ldots, m, \tag{5.103}$$

und damit erhält man nach einigen Umstellungen

$$\sum_{j=1}^{m} a_j \int_a^b L[\varphi_j] L[\varphi_k] \, dx = \int_a^b (r(x) - L[\varphi_0]) L[\varphi_k] \, dx, \qquad k = 1, \ldots, m. \tag{5.104}$$

An (5.104) erkennt man wieder das Prinzip der Fehlerorthogonalität ($v_k(x) = L[\varphi_k]$).

Ein weiteres nach diesem Prinzip arbeitendes Verfahren für lineare RWA ist die Methode von Galerkin. Hierbei wird in (5.103) anstelle von $L[\varphi_k]$ nur φ_k geschrieben, d. h. es gilt $v_k(x) = \varphi_k(x)$:

$$\int_a^b [L[\tilde{y}] - r(x)] \varphi_k(x) \, dx = 0, \qquad k = 1, \ldots, m. \tag{5.105}$$

Durch Anwendung von (5.101) ergeben sich die Galerkin-Gleichungen

$$\sum_{j=1}^{m} a_j \int_a^b L[\varphi_j]\, \varphi_k(x)\, \mathrm{d}x = \int_a^b (r(x) - L[\varphi_0])\, \varphi_k(x)\, \mathrm{d}x, \qquad k = 1, \dots, m. \qquad (5.106)$$

Zur Demonstration beider Methoden betrachten wir das folgende Beispiel:

Beispiel 5.14: $y'' + y = -x$, $y(0) = y(1) = 0$ $\left(\text{exakte Lösung: } y = \dfrac{\sin x}{\sin 1} - x\right)$. Man liest ab:

$L[y] = y'' + y$, $r(x) = -x$.
Wir verwenden den Ansatz aus [7]:

$$\bar{y}(x) = a_1(x - x^2) + a_2(x - x^3),$$

der stets die Randbedingungen erfüllt. Man liest wiederum ab: $\varphi_0(x) = 0$, $\varphi_1(x) = x - x^2$, $\varphi_2(x) = x - x^3$. Wegen $L[\varphi_0] = 0$, $L[\varphi_1] = \varphi_1'' + \varphi_1 = -2 + x - x^2$, $L[\varphi_2] = \varphi_2'' + \varphi_2 = -6x + x - x^3$ ergibt sich aus der Fehlerquadratmethode (5.104) das Gleichungssystem

$$a_1 \int_0^1 (-2 + x - x^2)(-2 + x - x^2)\,\mathrm{d}x + a_2 \int_0^1 (-6x + x - x^3)(-2 + x - x^2)\,\mathrm{d}x$$

$$= \int_0^1 (-x)(-2 + x - x^2)\,\mathrm{d}x,$$

$$a_1 \int_0^1 (-2 + x - x^2)(-6x + x - x^3)\,\mathrm{d}x + a_2 \int_0^1 (-6x + x - x^3)(-6x + x - x^3)\,\mathrm{d}x$$

$$= \int_0^1 (-x)(-6x + x - x^3)\,\mathrm{d}x$$

mit $a_1 = 0{,}0181$, $a_2 = 0{,}1695$.
Aus den Galerkin-Gleichungen (5.106) folgt

$$a_1 \int_0^1 (-2 + x - x^2)(x - x^2)\,\mathrm{d}x + a_2 \int_0^1 (-6x + x - x^3)(x - x^2)\,\mathrm{d}x$$

$$= \int_0^1 (-x)(x - x^2)\,\mathrm{d}x,$$

$$a_1 \int_0^1 (-2 + x - x^2)(x - x^3)\,\mathrm{d}x + a_2 \int_0^1 (-6x + x - x^3)(x - x^3)\,\mathrm{d}x$$

$$= \int_0^1 (-x)(x - x^3)\,\mathrm{d}x$$

mit $a_1 = 0{,}0227$ und $a_2 = 0{,}1701$.
Die Berechnung der bestimmten Integrale kann elementar erfolgen.

Eine Vereinfachung der Rechnung erhält man, wenn man die Interpolationsforderung auf die Defektfunktion anwendet, d. h. wenn man fordert, daß die Defektfunktion $L[\bar{y}] - r(x)$ an m nicht notwendig äquidistant vorgegebenen Stellen $x_1, \dots, x_m$ verschwinden soll:

$$L[\bar{y}(x_k)] - r(x_k) = 0, \qquad k = 1, \dots, m. \qquad (5.107)$$

Man nennt ein auf (5.107) basierendes Verfahren auch *Kollokationsverfahren*.

Beispiel 5.15: Wir behandeln das Problem aus dem Beispiel 5.14 mit dem dort gegebenen Ansatz. Mit $x_1 = \dfrac{1}{3}$ und $x_2 = \dfrac{2}{3}$ erhalten wir wegen $L[\bar{y}(x_k)] = a_1 L[\varphi_1(x_k)] + a_2 L[\varphi_2(x_k)]$ $(k = 1, 2)$

$$a_1\left(-2 + \frac{1}{3} - \left(\frac{1}{3}\right)^2\right) + a_2\left(-6 \cdot \frac{1}{3} + \frac{1}{3} - \left(\frac{1}{3}\right)^3\right) + \frac{1}{3} = 0,$$

$$a_1\left(-2 + \frac{2}{3} - \left(\frac{2}{3}\right)^2\right) + a_2\left(-6 \cdot \frac{2}{3} + \frac{2}{3} - \left(\frac{2}{3}\right)^3\right) + \frac{2}{3} = 0$$

mit der Lösung $a_1 = 0,0216$, $a_2 = 0,1731$.

Das Kollokationsverfahren liefert bei geeigneter Wahl der Kollokationsstellen ausgezeichnete Näherungen für die Lösung des Problems. Von der Güte dieser Aussagen kann man sich dabei eine Vorstellung machen, indem man die Defektfunktion aufzeichnet. Genauere Fehlerabschätzungen lassen sich unter Zuhilfenahme theoretischer Untersuchungen realisieren.

5.3.5. Eigenwertaufgaben

Eigenwertaufgaben sind homogene RWA mit einem Parameter (siehe Band 7/2, Abschnitt 6.). Die Lösung von Eigenwertaufgaben, d.h. die Ermittlung der Eigenwerte und Eigenfunktionen, ist mit allen Verfahren zur Lösung von RWA möglich.

Beispiel 5.16: $y'' + \lambda(1 + x^2)y = 0$, $y(0) = y(1) = 0$.
Die Anwendung des Differenzenverfahrens mit $h = 1/3$ liefert das Gleichungssystem

$$-\left(18 - \frac{10}{9}\lambda\right)y_1 + 9y_2 = 0,$$

$$9y_1 - \left(18 - \frac{13}{9}\lambda\right)y_2 = 0$$

für die Näherungen y_1 und y_2 (für $y(1/3)$ bzw. $y(2/3)$).
Die Ermittlung der λ-Werte, für die das Gleichungssystem nichttrivial lösbar ist, ist ein Matrizen-Eigenwert-Problem (siehe Abschnitt 2.5.).

Verwendet man Ansatzmethoden zur Lösung von Eigenwertaufgaben, so führt man dabei das Problem ebenfalls auf ein Matrizen-Eigenwert-Problem zurück.
Da die Zurückführung des Problems auf Matrizen-Eigenwertberechnung hinsichtlich der Genauigkeit der erhaltenen Eigenwerte sowie der Fehlerabschätzung einige Wünsche offenläßt, wurden Verfahren entwickelt, die Eigenwertnäherungen direkt berechnen und eine zufriedenstellende Fehleraussage liefern. Eine ausführliche Monografie dieser Verfahren liegt mit [8] vor, worauf wir den Leser zum weiteren Studium verweisen müssen.

5.3.6. Ritz-Verfahren

Dieses Verfahren zur Lösung von RWA und EWA nimmt wegen seiner theoretischen Grundlagen eine Sonderstellung ein. Die Grundaufgabe der *Variationsrechnung*, eine Funktion y zu ermitteln, für die ein Integral, z.B.

$$\int_a^b F(x, y, y')\,dx = \int_a^b F[y]\,dx, \tag{5.108}$$

unter gewissen Bedingungen minimiert wird, führt (siehe [7]) auf die notwendige Bedingung für die Lösungsfunktion

$$\frac{\partial F[y]}{\partial y} - \frac{d}{dx}\frac{\partial F[y]}{\partial y'} = 0, \tag{5.109}$$

die man als *Eulersche DGl* bezeichnet, sowie auf gewisse Randbedingungen. Bei der Anwendung des Ritz-Verfahrens auf RWA geht man *umgekehrt* vor: Man sucht zu einem vorliegenden Randwertproblem ein Variationsproblem, das die gegebene DGl als Eulersche DGl besitzt. Dann versucht man, das entstandene Variationsproblem näherungsweise zu lösen.

Beispiel 5.17: Aus einer physikalischen Problemstellung (Kippen eines Trägers) folgt die Eigenwertaufgabe

$$y'' + \lambda x^2 y = 0, \qquad y'(0) = y(1) = 0.$$

Das zugehörige Variationsproblem lautet

$$\int_0^1 \left[\frac{1}{2} \lambda x^2 y^2 - \frac{1}{2} y'^2 \right] dx = \text{min!}$$

Mit dem Ansatz $\bar{y} = a_1(1 - x^2) + a_2(1 - x^4)$ geht das Variationsproblem in eine Aufgabe der Minimierung einer Funktion zweier Veränderlicher über:

$$M_4(a_1, a_2) = \int_0^1 \left[\frac{1}{2} \lambda x^2 \bar{y}^2 - \frac{1}{2} \bar{y}'^2 \right] dx = \text{min!},$$

und man erhält das Gleichungssystem

$$\frac{\partial M_4}{\partial a_1} = \left(-\frac{4}{3} + \frac{8}{105} \lambda \right) a_1 + \left(-\frac{8}{5} + \frac{32}{315} \lambda \right) a_2 = 0,$$

$$\frac{\partial M_4}{\partial a_2} = \left(-\frac{8}{5} + \frac{32}{315} \lambda \right) a_1 + \left(-\frac{16}{7} + \frac{32}{231} \lambda \right) a_2 = 0,$$

woraus $\lambda_1 = 16{,}28$, $\lambda_2 = 127{,}7$ folgt.

An diesem Beispiel erkennt man die grundlegende Problematik der genäherten Behandlung von EWA bei DGln: Das Problem besitzt abzählbar unendlich viele Lösungen, das Näherungsverfahren liefert nur endlich viele Näherungen.

Das Ritz-Verfahren ist somit eine weitere Ansatzmethode. Das Aufsuchen des Variationsproblems zu einer gegebenen RWA erfordert Erfahrung; für die wichtigsten in der Technik auftretenden RWA sind die zugehörigen Variationsprobleme in [7] angegeben. Wird das Ritz-Verfahren auf EWA angewandt, so liefern die erhaltenen Näherungen bei positiv definiten Problemen obere Schranken für die Eigenwerte.

5.3.7. Programmierung und Software

Das numerische Vorgehen bei der Lösung von Randwertaufgaben erfordert stets die Lösung von diversen Hilfsproblemen, insbesondere die Lösung von Gleichungssystemen. Programme zur Lösung von Randwertaufgaben bestehen demnach aus vielen Einzelbausteinen, wobei ein hoher Organisationsaufwand zur geschickten Übergabe der Daten von Programmeinheit zu Programmeinheit nötig ist.

Fragen der Fehlersteuerung, die in den vorangegangenen Ausführungen aus Platzgründen nicht behandelt werden konnten, führen zur weiteren Erhöhung der Komplexität der Programme. Aus all dem folgt, daß der numerisch noch wenig Erfahrene viel Zeit und Sorgfalt investieren müßte, wollte er selbst einen brauchbaren Randwert-Solver entwickeln.

Für Randwertaufgaben bei Systemen von Differentialgleichungen erster Ordnung hält PP NUMATH-1 zwei Softwarebausteine bereit. Es sei aber nicht verschwiegen, daß zur

Nutzung dieser Subroutinen wesentlich umfassendere Kenntnisse der Numerik von RWA erforderlich sind, als sie hier vermittelt werden konnten. Dazu enthält [31] in 3.6.2.7. entsprechende Literaturhinweise. Erwähnt werden soll hier aber auch [26]. Dieses Buch enthält den Quelltext eines FORTRAN-Programms zur Lösung von RWA nach dem Mehrfachschießverfahren einschließlich einer sehr ausführlichen Beschreibung.

6. Numerische Behandlung partieller Differentialgleichungen

6.1. Einführung

In den folgenden Abschnitten legen wir zwei Methoden zur numerischen Lösung partieller DGln jeweils an einem Beispiel zur Information kurz dar.

Der Leser wird bereits an diesen Beispielen eine Vorstellung davon erhalten, welch großer Aufwand zur numerischen Lösung partieller DGln notwendig ist.

Die Theorie partieller DGln beherrscht gegenwärtig erst eine gewisse Anzahl typischer Fragestellungen hinsichtlich Existenz, Eindeutigkeit der Lösung und Konvergenz der Annäherung durch bestimmte Näherungsfolgen.

Wegen der Kompliziertheit der Problematik sind bei praktischen Problemstellungen – soweit möglich – theoretische Voruntersuchungen durchzuführen; die erhaltenen numerischen Resultate sind einer kritischen Wertung zu unterziehen.

6.2. Differenzenverfahren

Wir betrachten ein mathematisches Modell, das aus einer partiellen DGl für eine Funktion zweier Veränderlicher

$$F\left(x, y, u, \frac{\partial u}{\partial x}, \frac{\partial u}{\partial y}, \frac{\partial^2 u}{\partial x^2}, \frac{\partial^2 u}{\partial x \partial y}, \frac{\partial^2 u}{\partial y^2}, \ldots\right) = 0 \tag{6.1}$$

sowie aus Bedingungen an die Lösungsfunktion besteht. Für die Lösungsfunktion $u(x, y)$, die (6.1) und den gegebenen Bedingungen genügt, werden Näherungswerte in Form einer Wertetafel ermittelt:

	x_0	x_1		x_n
y_0	u_{00}	u_{10}	...	u_{n0}
y_1	u_{01}	u_{11}	...	u_{n1}
y_2	u_{02}	u_{12}	...	u_{n2}
$\vdots$	$\vdots$	$\vdots$	$\vdots$	$\vdots$

$$\tag{6.2}$$

Dazu müssen die Zahlen $x_0, \ldots, x_n, y_0, y_1, \ldots$ vorgegeben sein. Durch die vorliegenden Bedingungen sind dann auch bereits einige der Funktionswerte bekannt: Liefern die Bedingungen die Funktionswerte $u_{00}, u_{10}, \ldots, u_{n0}$, d.h. die oberste Zeile von (6.2), so heißen sie Anfangsbedingungen. Folgen aus den zur behandelten Problemstellung gehörenden Bedingungen sowohl die in der ersten Zeile als auch die in der ersten und letzten Spalte von (6.2) stehenden Werte, so spricht man von Anfangsrandbedingungen. Liefern die vorliegenden Bedingungen darüber hinaus noch zu einem festen Index m die Werte u_{0m}, $u_{1m}, \ldots, u_{nm}$ (d.h. die m-te Zeile), so liegen Randbedingungen vor. Bei Randwertproblemen wird die Lösung dann nur im Intervall $x_0 \leq x \leq x_n$, $y_0 \leq y \leq y_m$ gesucht (ein Randwertproblem ergibt sich z. B. bei der Berechnung der Durchbiegung einer gespannten Platte). Nachdem die Argumentstellen x_i und y_i vorgegeben und die aus den Bedingungen folgenden Funktionswerte festgestellt sind, ergibt sich die Aufgabe, die Näherungen u_{ij} für die restlichen Funktionswerte $u(x_i, y_j)$ zu ermitteln. Dazu ist das Differenzenverfahren universell anwendbar.

Die Argumentstellen werden gleichabständig vorgegeben: $x_i = x_0 + ih$ $(i = 0, \ldots, n)$ und $y_j = y_0 + jk$ $(j = 0, 1, 2, \ldots)$, wobei $h \neq k$ sein kann. Das Prinzip des Differenzenverfahrens besteht wiederum in der Ersetzung der Differentialquotienten durch Differenzenquotienten (DQ). Die einfachsten Differenzenformeln lauten:

$$\frac{\partial u(x_i, y_j)}{\partial x} = \begin{cases} \dfrac{1}{h}\,(u_{i+1,j} - u_{ij}), & \text{„vorderer DQ“} \\[2mm] \dfrac{1}{2h}\,(u_{i+1,j} - u_{i-1,j}), & \text{„zentraler DQ“} \\[2mm] \dfrac{1}{h}\,(u_{ij} - u_{i-1,j}), & \text{„hinterer DQ“} \end{cases} \tag{6.3}$$

$$\frac{\partial u(x_i, y_j)}{\partial y} = \begin{cases} \dfrac{1}{k}\,(u_{i,j+1} - u_{ij}), & \text{„vorderer DQ“} \\[2mm] \dfrac{1}{2k}\,(u_{i,j+1} - u_{i,j-1}), & \text{„zentraler DQ“} \\[2mm] \dfrac{1}{k}\,(u_{ij} - u_{i,j-1}), & \text{„hinterer DQ“} \end{cases} \tag{6.4}$$

$$\frac{\partial^2 u(x_i, y_j)}{\partial x^2} = \frac{1}{h^2}\,(u_{i+1,j} - 2u_{ij} + u_{i-1,j}), \tag{6.5}$$

$$\frac{\partial^2 u(x_i, y_j)}{\partial x \partial y} = \frac{1}{4hk}\,(u_{i+1,j+1} - u_{i+1,j-1} - u_{i-1,j+1} + u_{i-1,j-1}), \tag{6.6}$$

$$\frac{\partial^2 u(x_i, y_j)}{\partial y^2} = \frac{1}{k^2}\,(u_{i,j+1} - 2u_{ij} + u_{i,j-1}). \tag{6.7}$$

Wir schreiben Gleichheitszeichen und beachten, daß analog 5.3.3. die rechts auftretenden Zahlen Näherungswerte sind.

Beispiel 6.1: Gesucht ist die Lösung der partiellen DGl $\dfrac{\partial^2 u}{\partial x^2} - \dfrac{\partial u}{\partial y} = 0$, die den Bedingungen $u(0, y) = u(1, y) = 0$, $u(x, 0) = 4x(1 - x)$ genügt. Die Lösung sei für $y \geqq 0$ gesucht. Man liest ab, daß $0 \leqq x \leqq 1$ gilt. Nach Vorgabe von $h = \dfrac{1}{4}$ und $k = \dfrac{1}{32}$ ergibt sich das folgende Schema:

	$x_0 = 0$	$x_1 = 0{,}25$	$x_2 = 0{,}5$	$x_3 = 0{,}75$	$x_4 = 1$
$y_0 = 0$	$u_{00} = 0$	$u_{10} = 0{,}75$	$u_{20} = 1$	$u_{30} = 0{,}75$	$u_{40} = 0$
$y_1 = 0{,}03125$	$u_{01} = 0$	$u_{11} = 0{,}5$	$u_{21} = 0{,}75$	$u_{31} = 0{,}5$	$u_{41} = 0$
$y_2 = 0{,}0625$	$u_{02} = 0$	$u_{12} = 0{,}375$	$u_{22} = 0{,}5$	$u_{32} = 0{,}375$	$u_{42} = 0$
$y_3 = 0{,}09375$	$u_{03} = 0$	$u_{13} = 0{,}25$	$u_{23} = 0{,}375$	$u_{33} = 0{,}25$	$u_{43} = 0$
$y_4 = 0{,}125$	$u_{04} = 0$	$u_{14} = 0{,}1875$	$u_{24} = 0{,}25$	$u_{34} = 0{,}1875$	$u_{44} = 0$
$\vdots$	$\vdots$	$\vdots$	$\vdots$	$\vdots$	$\vdots$

Aus den vorliegenden Bedingungen erhält man:

$$u(0, y) = 0 \quad \text{liefert} \quad u_{00} = u_{01} = u_{02} = \ldots = 0,$$
$$u(1, y) = 0 \quad \text{liefert} \quad u_{40} = u_{41} = u_{42} = \ldots = 0,$$
$$u(x, 0) = 4x(1 - x) \quad \text{liefert} \quad u_{10} = 0{,}75,\ u_{20} = 1,\ u_{30} = 0{,}75.$$

Es liegt somit eine Anfangsrandwertaufgabe vor.
Die Differenzengleichung lautet z. B.

$$\frac{1}{h^2}\,(u_{i+1,j} - 2u_{ij} + u_{i-1,j}) - \frac{1}{k}\,(u_{i,j+1} - u_{ij}) = 0, \tag{6.8}$$

und wegen $k = \dfrac{1}{2}\,h^2$ erhält man dann

$$u_{i+1,j} + u_{i-1,j} - 2u_{i,j+1} = 0. \tag{6.9}$$

Die Gleichung (6.9) läßt sich nach $u_{i,j+1}$ umstellen, und damit hat man die Formel

$$u_{i,j+1} = \frac{1}{2}\,(u_{i+1,j} + u_{i-1,j}) \tag{6.10}$$

zur schrittweisen Berechnung der Funktionswerte einer Zeile aus den Funktionswerten der vorigen Zeile gefunden. Die Ergebnisse sind oben bereits eingetragen.

Von besonderer Bedeutung bei der Anwendung des Differenzenverfahrens auf partielle DGln mit Bedingungen ist die Wahl der Stellen (x_i, y_j), an denen der Funktionswert der Lösungsfunktion ermittelt werden soll. Sie liegen auf einem Teilbereich der x, y-Ebene, dessen Form durch die jeweiligen Bedingungen bestimmt ist (z.B. Halbstreifen bei Anfangs-RWA, Rechteck bei RWA). Die bisher verwendeten Stellen waren gerade die Gitterpunkte eines Rechteckgitters auf diesem Teilbereich. Es zeigte sich im Beispiel 6.1, daß dort die Wahl des Rechteckgitters günstig war, denn dadurch lagen viele Gitterpunkte auf dem Rand, und somit brauchte deren Funktionswert nicht berechnet zu werden.

Ergibt sich jedoch z.B. ein Kreis als Bereich, in dem die Lösungsfunktion gesucht ist, so ist die Verwendung des Rechteckgitters offenbar nicht mehr sinnvoll. In diesem Fall empfiehlt sich die Wahl eines Gitters, das durch konzentrische Kreise und Radien gebildet wird. Dann müssen andere Differenzenformeln benutzt werden.

Einen Überblick über die gebräuchlichsten Gitter erhält man z.B. in [20] und [7]. Für ein tieferes Eindringen in die Differenzenverfahren empfehlen wir [22].

Abschließend wird an der Aufgabe aus Beispiel 6.1 eine einfache Stabilitätsüberprüfung bei Anfangs-RWA vorgeführt.

Beispiel 6.2: Wir wollen untersuchen, ob das Differenzenverfahren (6.10) stabil ist.

Unter der Annahme, daß an einer Stelle in der Rechnung, etwa bei (x_i, y_j), der Fehler ε vorliegt, stellen wir nach (6.10) den Einfluß dieses Fehlers an den übrigen Gitterpunkten fest und erhalten so das folgende, leicht verständliche ε-Schema:

	...	x_{i-2}	x_{i-1}	x_i	x_{i+1}	x_{i+2}	...
y_j		0	0	ε	0	0	
y_{j+1}		0	$0{,}5\varepsilon$	0	$0{,}5\varepsilon$	0	
y_{j+2}		$0{,}25\varepsilon$	0	$0{,}5\varepsilon$	0	$0{,}25\varepsilon$	
y_{j+3}		0	$0{,}375\varepsilon$	0	$0{,}375\varepsilon$	0	
y_{j+4}		$0{,}25\varepsilon$	0	$0{,}375\varepsilon$	0	$0{,}25\varepsilon$	
$\vdots$		$\vdots$	$\vdots$	$\vdots$	$\vdots$	$\vdots$	

Wir erkennen, daß der Einfluß des Fehlers abnimmt, das Verfahren ist somit stabil.

Nun wollen wir untersuchen, ob das Differenzenverfahren stabil bleibt, wenn wir anstelle des vorderen Differenzenquotienten für die Ersetzung der ersten Ableitung $\dfrac{\partial u}{\partial y}$ den – genauere Werte liefernden – zentralen Differenzenquotienten aus (6.4) benutzen. Man erhält dabei die Rechenvorschrift

$$u_{i,j+1} = u_{i,j-1} + 2u_{i-1,j} - 4u_{ij} + 2u_{i+1,j}. \tag{6.10'}$$

Nun stellen wir wieder das ε-Schema auf:

	...	x_{i-2}	x_{i-1}	x_i	x_{i+1}	x_{i+2}	...
y_{j-1}		0	0	0	0	0	
y_j		0	0	ε	0	0	
y_{j+1}		0	2ε	-4ε	2ε	0	
y_{j+2}		2ε	-16ε	25ε	-16ε	2ε	
$\vdots$		$\vdots$	$\vdots$	$\vdots$	$\vdots$	$\vdots$	

Wir sehen, daß durch die Verwendung des zentralen Differenzenquotienten das Verfahren instabil geworden ist, eine Erscheinung, die nicht nur bei diesem Beispiel festzustellen ist.

Wir betrachten nun noch einmal das stabile Verfahren (6.10). Ungünstig dabei erscheint das Verhältnis $k/h^2 = \dfrac{1}{2}$, weil man schon bei geringer Schrittweite in x-Richtung mit sehr kleiner Schrittweite in y-Richtung vorgehen muß.

Setzt man aber in (6.8) $k = h^2$, so erhält man die Vorschrift

$$u_{i,j+1} = u_{i+1,j} - u_{ij} + u_{i-1,j} \qquad\qquad (6.10'')$$

und das ε-Schema:

	...	x_{i-2}	x_{i-1}	x_i	x_{i+1}	x_{i+2}	...
y_j		0	0	ε	0	0	
y_{j+1}		0	ε	$-\varepsilon$	ε	0	
y_{j+2}		ε	-2ε	3ε	-2ε	ε	
y_{j+3}		-3ε	6ε	-7ε	6ε	-3ε	
$\vdots$		$\vdots$	$\vdots$	$\vdots$	$\vdots$	$\vdots$	

Der Einfluß des Fehlers ε vergrößert sich von Zeile zu Zeile. Selbst bei Durchführung der Rechnung mit einer sehr großen Anzahl von Dezimalen werden die Fehler nach genügend vielen Schritten die Funktionswerte völlig verfälschen. Dieses Verfahren ist also instabil. Setzen wir allgemein $k = ph^2$, so kann man nachweisen (s. [7]), daß das Verfahren nur für $0 < p \leq \dfrac{1}{2}$ bei dem vorliegenden Beispiel stabil ist.

* *Aufgabe 6.1:* Untersuchen Sie mit Hilfe des ε-Schemas, ob das Verfahren für die Anfangs-RWA aus Beispiel 6.1 mit $p = \dfrac{1}{2}$ auch unter Verwendung des zentralen Differenzenquotienten stabil wird!

6.3.   Ansatzmethoden

6.3.1.   Galerkin-Verfahren

Randwertaufgaben bei partiellen DGln können in gleicher Weise wie RWA bei gewöhnlichen DGln mittels eines Ansatzes

$$\tilde{w}(x, y) = \tilde{w}(x, y; a_1, \ldots, a_m) \qquad\qquad (6.11)$$

näherungsweise gelöst werden, wobei die Konstanten $a_1, \ldots, a_m$ so bestimmt werden, daß die Randbedingungen exakt und die DGln möglichst gut erfüllt sind. Dazu können alle Methoden des Abschnitts 5.3.4. verwendet werden. Die Anwendung der Galerkinschen Gleichungen (5.92) soll im folgenden an einem Beispiel ausführlich demonstriert werden.

Beispiel 6.3: Gesucht ist die Durchbiegung einer an den Längsseiten $y = 0$ und $y = b$ fest eingespannten und an den Querseiten $x = 0$ und $x = a$ gelenkig und unverschieblich gelagerten Rechteckplatte der Länge a und der Breite b unter einer Trapezlast.

Mathematisches Modell:

$$\text{DGl:}\quad \Delta\Delta w = \frac{\partial^4 w}{\partial x^4} + 2\frac{\partial^4 w}{\partial x^2 \partial y^2} + \frac{\partial^4 w}{\partial y^4} = \left(-\frac{n}{a}x + m + n\right)\Big/ D$$

(a, b, n, m, D sind gegebene Konstanten).

Randbedingungen:

$$1)\ \text{für}\quad x = 0 \quad\text{und}\quad x = a: \quad w = 0 \quad\text{und}\quad \frac{\partial^2 w}{\partial x^2} + \frac{\partial^2 w}{\partial y^2} = 0,$$

$$2)\ \text{für}\quad y = 0 \quad\text{und}\quad y = b: \quad w = 0 \quad\text{und}\quad \frac{\partial w}{\partial y} = 0.$$

Ansatz: $\bar{w}(x, y) = a_1 \varphi_1(x, y) + a_2 \varphi_2(x, y)$ mit

$$\varphi_1(x, y) = \sin\frac{\pi}{a} x \sin^2\frac{\pi}{b} y,$$

$$\varphi_2(x, y) = \sin\frac{2\pi}{a} x \sin^2\frac{\pi}{b} y.$$

Dieser Ansatz erfüllt die Randbedingungen.

Zur Ermittlung von a_1 und a_2 wird die Methode von Galerkin auf partielle DGln übertragen: Die Defektfunktion lautet jetzt $\Delta\Delta\bar{w} + \dfrac{n}{aD} x - \dfrac{n + m}{D}$, und damit erhält man aus (5.92) die Gleichungen

$$\int\limits_0^a \int\limits_0^b \left(\Delta\Delta\bar{w} + \frac{n}{aD} x - \frac{n + m}{D}\right) \varphi_k(x, y)\, \mathrm{d}x\, \mathrm{d}y = 0, \qquad k = 1, 2.$$

Da der Laplace-Differentialoperator Δ linear ist, d. h.

$$\Delta\Delta\bar{w} = \Delta\Delta(a_1\varphi_1 + a_2\varphi_2) = a_1\Delta\Delta\varphi_1 + a_2\Delta\Delta\varphi_2,$$

erhält man die Galerkinschen Gleichungen in der Form

$$a_1 \int\limits_0^a \int\limits_0^b (\Delta\Delta\varphi_1)\, \varphi_1\, \mathrm{d}x\, \mathrm{d}y + a_2 \int\limits_0^a \int\limits_0^b (\Delta\Delta\varphi_2)\, \varphi_1\, \mathrm{d}x\, \mathrm{d}y = \frac{1}{D} \int\limits_0^a \int\limits_0^b \left(-\frac{n}{a} x + n + m\right) \varphi_1\, \mathrm{d}x\, \mathrm{d}y,$$

$$a_1 \int\limits_0^a \int\limits_0^b (\Delta\Delta\varphi_1)\, \varphi_2\, \mathrm{d}x\, \mathrm{d}y + a_2 \int\limits_0^a \int\limits_0^b (\Delta\Delta\varphi_2)\, \varphi_2\, \mathrm{d}x\, \mathrm{d}y = \frac{1}{D} \int\limits_0^a \int\limits_0^b \left(-\frac{n}{a} x + n + m\right) \varphi_2\, \mathrm{d}x\, \mathrm{d}y.$$

Vergleicht man mit (5.106), so erkennt man, daß der lineare Differentialoperator $L[\varphi]$ durch den linearen Operator $\Delta\Delta\bar{w}$ und die einfachen Integrale durch Bereichsintegrale ersetzt wurden. Mit

$$\Delta\Delta\varphi_1 = \pi^4 \sin\frac{\pi}{a} x \left[\sin^2\frac{\pi}{b} y \left(\frac{8}{b^4} + \frac{4}{a^2 b^2} + \frac{1}{a^4}\right) - \cos^2\frac{\pi}{b} y \left(\frac{8}{b^4} + \frac{4}{a^2 b^2}\right)\right],$$

$$\Delta\Delta\varphi_2 = \pi^4 \sin^2\frac{\pi}{a} x \left[\sin^2\frac{\pi}{b} y \left(\frac{16}{a^4} + \frac{16}{a^2 b^2} + \frac{8}{b^4}\right) - \cos^2\frac{\pi}{b} y \left(\frac{8}{b^4} + \frac{16}{a^2 b^2}\right)\right]$$

ergibt sich nach Einsetzen und Integration

$$a_1 = \frac{8(2m + n)\, b^4}{D\pi^5 \left[3\left(\dfrac{b}{a}\right)^4 + 8\left(\dfrac{b}{a}\right)^2 + 16\right]},$$

$$a_2 = \frac{n b^4}{4D\pi^5 \left[3\left(\dfrac{b}{a}\right)^4 + 2\left(\dfrac{b}{a}\right)^2 + 1\right]}.$$

Die Beispiele 6.1 und 6.3 zeigten, daß zur Lösung partieller DGln mit Bedingungen die Methoden aus Abschnitt 5.3. angewendet werden können. Wie bereits an diesen einfachen Beispielen zu erkennen war, ist die numerische Behandlung kompliziert. Aus diesem Grunde empfiehlt sich vor Beginn der numerischen Behandlung die theoretische Durch-

dringung der Aufgabenstellung, um das der jeweiligen Aufgabenstellung am besten ange-
paßte Verfahren zu finden. Nähere Ausführungen hierzu findet der Leser z. B. in [7], [20],
[24].

6.3.2. Finite-Elemente-Methode (FEM)

Die FEM ist ein modernes Näherungsverfahren zur Lösung vor allem von Randwertaufgaben bei partiellen Differentialgleichungen. Sie stellt eine Erweiterung der Spline-An-
satzmethode auf mehrdimensionale Gebiete dar. Dazu wird das Grundgebiet in elemen-
targeometrische finite Elemente, bei zweidimensionalen Aufgaben z. B. in Dreiecke, E_1,
E_2, ..., E_m zerlegt. Auf jedem Element E_i wird die Näherungslösung w des Problems als
Polynom ersten bis fünften Grades angesetzt, also bei zweidimensionalen Aufgaben z. B.
in der Form

$$w = c_1 + c_2 x + c_3 y, \tag{6.12}$$

$$w = c_1 + c_2 x + c_3 y + c_4 x^2 + c_5 xy + c_6 y^2. \tag{6.13}$$

Die Approximationsfunktion (Näherungslösung) wird also elementweise bestimmt, wobei
auf stetigen Übergang an den Elementrändern geachtet wird. Auf jedem finiten Element
werden n sogenannte Knotenpunkte P_1, P_2, ..., P_n festgelegt, wobei (im Normalfall) die
Anzahl der Knoten mit der Anzahl der Koeffizienten in der Approximationsfunktion
übereinstimmen muß. Danach werden die Koeffizienten durch die noch unbekannten
Funktionswerte der Approximationsfunktion in den Knoten ausgedrückt. Soll z. B. die gesuchte Lösung auf dem Element E_i durch

$$w = c_1 + c_2 x + c_3 y + c_4 x^2 + c_5 xy + c_6 y^2 \tag{6.14}$$

approximiert werden, so wählen wir 6 Knotenpunkte $P_s(x_s, y_s)$, $s = 1$, ..., 6, und bestimmen die c_j, $j = 1$, ..., 6, so daß

$$w(x_s, y_s) = c_1 + c_2 x_s + c_3 y_s + c_4 x_s^2 + c_5 x_s y_s + c_6 y_s^2 \tag{6.15}$$

für $s = 1, 2, ..., 6$ gilt. Wir erhalten

$$c_j = \sum_{k=1}^{6} \alpha_{jk} w_k \quad \text{mit} \quad w_k = w(x_k, y_k), \qquad j = 1, ..., 6, \tag{6.16}$$

wobei die Koeffizienten α_{jk} von den Koordinaten der Knoten abhängen:

$$\alpha_{jk} = \alpha_{jk}(x_1, y_1, ..., x_6, y_6). \tag{6.17}$$

Setzen wir die für die c_j erhaltenen Ausdrücke in die Beziehung (6.14) ein, so finden wir
eine Darstellung

$$w = \sum_{k=1}^{6} f_k w_k; \tag{6.18}$$

die f_k heißen Formfunktionen. Es gilt an den Knotenpunkten $P_s(x_s, y_s)$

$$f_k(x_s, y_s) = \begin{cases} 1 & \text{für} \quad k = s, \\ 0 & \text{für} \quad k \neq s. \end{cases}$$

Unter Verwendung von Variationsprinzipien (vgl. Ritz-Verfahren) oder des Galerkin-
Verfahrens (siehe Beispiel 6.3) wird die Differentialgleichung durch ein Integral über das

Grundgebiet ersetzt. Das Integral wird in eine Summe von Integralen über die finiten Elemente zerlegt und in jedes Integral für w die entsprechende Darstellung (6.18) eingesetzt. Man erhält ein Gleichungssystem aus dem (nach Einarbeitung der zugehörigen Rand- und/oder Anfangsbedingungen) die Näherungswerte an den Knotenpunkten w_s ermittelt werden können. Bezüglich Einzelheiten müssen wir auf die Literatur verweisen (z. B. [13], [29]).

Lösungen der Aufgaben

2.1: $\alpha_1 = 25{,}79°, \qquad \alpha_2 = 34{,}49°.$

2.2: $x_1^{(6)} = x_1^{(7)} = 3{,}483; \qquad x_2^{(6)} = x_2^{(7)} = 2{,}260.$

2.3: $x_1^{(2)} = 0{,}500\,17; \qquad x_2^{(2)} = 0{,}999\,86 \left(\text{exakte Lösung } \alpha_1 = \frac{1}{2};\ \alpha_2 = 1\right).$

2.4:
$$x_i^{(\nu+1)} = -\frac{1}{a_{ii}}\left(\sum_{k=1}^{i-1} a_{ik}x_k^{(\nu+1)} + \sum_{k=i+1}^{n} a_{ik}x_k^{(\nu)} - a_i\right),$$

$i = 1, 2, \ldots, n; \qquad \nu = 0, 1, 2, \ldots; \qquad a_{ii} \neq 0.$

$\begin{array}{lll}
x_1^{(1)} = 0{,}4000, & x_1^{(2)} = 0{,}7744, & x_1^{(3)} = 0{,}9567, \\
x_2^{(1)} = -0{,}6800, & x_2^{(2)} = -0{,}9661, & x_2^{(3)} = -0{,}9990, \\
x_3^{(1)} = 2{,}0560, & x_3^{(2)} = 2{,}0383, & x_3^{(3)} = 2{,}0085.
\end{array}$

3.1: Auf Grund geringerer Stetigkeitsforderungen haben Hermite-Splines stets mehr freie Koeffizienten als Lagrange-Splines. Für $m = 1$ sind Lagrange- und Hermite-Splines identisch: es sind die Streckenzüge über $[a, b]$ mit lediglich stetigem Anschluß der Funktionswerte in den Knoten. Für $m = 3$ sind Lagrange-Splines aneinandergefügte Polynome 5. Grades mit stetigem Übergang der ersten bis vierten Ableitung. Hermite-Splines mit $m = 3$ sind ebenfalls stückweise Polynome 5. Grades, aber nur mit stetigem Übergang der ersten und zweiten Ableitung.

3.2: $R = 0{,}29t + 70{,}80.$

3.3: $\begin{aligned}
F(x) &= 1{,}1752\,P_0(x) + 1{,}1072\,P_1(x) + 0{,}3575\,P_2(x) \\
&= 0{,}9964 + 1{,}1037x + 0{,}5363x^2.
\end{aligned}$

5.1: $y_1 = 1{,}117\,433.$

5.2: Als Korrektor muß ein Extrapolationsverfahren möglichst hoher Ordnung gesucht werden. Mehr als vier Rückgriffe sind aber nicht günstig, da dann die Anzahl der Rückgriffe des gesamten Prediktor-Korrektor-Verfahrens steigen würde.

5.3: $y_1 = 1{,}1155$ aus Beispiel 5.1.
$\begin{array}{ll}
x_2^{(0)} = 1{,}275\,736, & x_2^{(1)} = 1{,}273\,495, \\
x_3^{(0)} = 1{,}481\,104, & x_3^{(1)} = 1{,}486\,339.
\end{array}$

5.4: y_9 und y_{10} müssen noch einmal berechnet werden. Wurde die Schrittweite halbiert, so kann danach für y_9 bereits wieder eine Korrekturrechnung durchgeführt werden.

5.5: $h = 0{,}1, \qquad x_k = kh, \qquad k = 0, 1, \ldots, 5.$
Startrechnung (Runge-Kutta-Verfahren):
$y_1 = 1{,}096\,025; \qquad y_2 = 1{,}187\,379; \qquad y_3 = 1{,}277\,840.$
Hamming-Verfahren:
$y_4^{(0)} = 1{,}370\,158; \qquad y_4^{(1/2)} = 1{,}370\,158; \qquad y_4^{(1)} = 1{,}370\,360;$
$y_5^{(0)} = 1{,}467\,443; \qquad y_5^{(1/2)} = 1{,}467\,630; \qquad y_5^{(1)} = 1{,}467\,546.$

5.6: a) dreifach rückgreifendes implizites Verfahren (Startrechnung für y_1, y_2 erforderlich),
b) verbessertes einfach-rückgreifendes explizites Verfahren (keine Startrechnung notwendig).

5.7: Aus (5.63) folgt zur Ermittlung des Stabilitätsgebietes die Ungleichung
$$\left|\frac{2 + \lambda h}{2 - \lambda h}\right| < 1 \quad \text{bzw.} \quad |2 + \lambda h| < |2 - \lambda h|$$
und hieraus
$$(2 + ha)^2 + h^2b^2 < (2 - ha)^2 + h^2b^2,$$
dies vereinfacht sich zu
$$ha < 0,$$
d. h., das Verfahren ist A-stabil.

5.8:

x	-1	$-0,5$	0	$0,5$	1
y	0	$0,8$	$1,05$	$0,8$	0

6.1: Differenzengleichung:

$$u_{i,j+1} = u_{i-1,j} + u_{i,j-1} - 2u_{ij} + u_{i+1,j}.$$

Das ε-Schema zeigt, daß das Verfahren auch bei dieser Wahl von p bei Verwendung des zentralen Differenzenquotienten instabil wird.

Literatur

[1] *Бабушка, И.; Виташек, Е.; Прагер, М.:* Численные процессы решения дифференциальных уравнений. Перевод с английского. Москва: Изд.-во „Мир" 1969.

[2] *Крылов, В. И.; Шульгина, Л. Т.:* Справочная книга но численному интегрированию. Москва: Изд.-во „Наука" 1966.

[3] *Плис, А. И.; Сливина, Н. А.:* Лабораторный практикум по высшей математике. Москва: Изд.-во „Высшая школа" 1983.

[4] *Albrecht, P.:* Die numerische Behandlung gewöhnlicher Differentialgleichungen. Berlin: Akademie-Verlag 1979.

[5] *Bauch, H.; Jahn, K.-U.; Oelschlägel, D.; Süsse, H.; Wiebigke, V.:* Intervallmathematik – Theorie und Anwendungen. Leipzig: BSB B. G. Teubner Verlagsgesellschaft 1987.

[6] *Bronstein, I. N.; Semendjajew, K. A.:* Taschenbuch der Mathematik. 25. Aufl. Leipzig: BSB B. G. Teubner Verlagsgesellschaft 1989.

[7] *Collatz, L.:* Numerische Behandlung von Differentialgleichungen. Berlin-Göttingen-Heidelberg: Springer-Verlag 1951.

[8] *Collatz, L.:* Eigenwertaufgaben mit technischen Anwendungen. Leipzig: Akademische Verlagsgesellschaft Geest & Portig 1963.

[9] *Demidowitsch, B. P.; Maron, I. A.; Schuwalowa, E. S.:* Numerische Methoden der Analysis. Übers. a. d. Russ. Berlin: Deutscher Verlag der Wissenschaften 1968.

[10] *Engeln-Müllges, F.; Reutter, G.:* Formelsammlung zur Numerischen Mathematik mit Standard-FORTRAN-Programmen. Mannheim–Wien–Zürich: BI Wissenschaftsverlag 1984.

[11] *Faddejew, D. K.; Faddejewa, W. N.:* Numerische Methoden der linearen Algebra. Übers. a. d. Russ. Berlin: Deutscher Verlag der Wissenschaften 1970.

[12] *Gastinel, N.:* Lineare numerische Analysis. Berlin: Deutscher Verlag der Wissenschaften 1972.

[13] *Goering, H.; Roos, H.-G.; Tobiska, L.:* Finite–Element–Methode: eine Einführung. Berlin: Akademie-Verlag 1985.

[14] *Just, G.; Oelschlägel, D.* u. a.: Mathematik für Chemiker. Leipzig: Deutscher Verlag für Grundstoffindustrie 1985.

[15] *Kerner, I. O.:* Numerische Mathematik mit Kleinstrechnern. Berlin: Deutscher Verlag der Wissenschaften 1984.

[16] *Maess, G.:* Vorlesungen über numerische Mathematik I. Berlin: Akademie-Verlag 1984.

[17] *Marsal, D.:* Die numerische Lösung partieller Differentialgleichungen. Mannheim–Wien–Zürich: BI Wissenschaftsverlag 1976.

[18] *Meis, T.:* Numerische Behandlung partieller Differentialgleichungen. Berlin–Heidelberg–New York: Springer-Verlag 1978.

[19] *Natanson, I. P.:* Konstruktive Funktionentheorie. Berlin: Akademie-Verlag 1955.

[20] *Panow, D. I.:* Formelsammlung zur numerischen Behandlung partieller Differentialgleichungen nach dem Differenzenverfahren. Berlin: Akademie-Verlag 1955.

[21] *Ralston, A; Wilf, H. S:* Mathematische Methoden für Digitalrechner I, II. München–Wien: Oldenbourg-Verlag 1972, 1969.

[22] *Samarskij, A. A.:* Theorie der Differenzenverfahren. Übers. a. d. Russ. Leipzig: Akademische Verlagsgesellschaft Geest & Portig K.-G. 1984.

[23] *Schröder, K.:* Mathematik für die Praxis I, II, III. Berlin: Deutscher Verlag der Wissenschaften 1964.

[24] *Smith, G. D.:* Numerische Lösung von partiellen Differentialgleichungen. Berlin: Akademie-Verlag 1971.

[25] *Schwetlick, H.:* Numerische Lösung nichtlinearer Gleichungen. Berlin: Deutscher Verlag der Wissenschaften 1979.

[26] *Wallisch, W.; Hermann, M.:* Schießverfahren zur Lösung von Rand- und Eigenwertaufgaben. Leipzig: BSB B. G. Teubner Verlagsgesellschaft 1985.

[27] *Weissinger, J.:* Numerische Mathematik auf Personal-Computern. Teil 1: Eine Einführung in die Theorie und in die Programmierung in BASIC. Teil 2: BASIC-Programme. Mannheim–Wien–Zürich: BI Wissenschaftsverlag 1984.

[28] *Willers, Fr. A.:* Methoden der praktischen Analysis. 3. Aufl. Berlin: de Gruyter 1957. 4., verb. Aufl. Berlin–New York: de Gruyter 1971.

[29] *Zienkiewicz, O. C.:* Methode der finiten Elemente. Leipzig: Fachbuchverlag 1983.

[30] *Zurmühl, R.:* Praktische Mathematik für Ingenieure und Physiker. Berlin–Heidelberg–New York: Springer-Verlag 1965.

[31] PP NUMATH-1 (Programmpaket für Verfahren der Numerischen Mathematik): Anleitung für den Programmierer. Dresden: Kombinat ROBOTRON 1983, Bestell-Nr. H 4523–2004.

[32] PP STATISTIK-2 (Programmpaket für ökonomische und mathematische Statistik): Anleitung für den Programmierer I, II. Dresden: Kombinat ROBOTRON 1983, Bestell-Nr. H 4223 – 2004-2.

Ergänzende Literatur zur Informatik

[33] *Adler, H.:* BASIC für Kleincomputer. Reihe Informationsverarbeitung im Hoch- und Fachschulwesen 10. Ministerium für Hoch- und Fachschulwesen 1986.

[34] Algebraische und logische Grundlagen der Programmierung. Weiterbildungszentrum für math. Kybernetik und Rechentechnik/Informationsverarbeitung, TU Dresden 1984.

[35] Autorenkollektiv: Z 9001 – BASIC Programmierhandbuch. Schriftenreihe des Instituts für Fachschulwesen der DDR. Karl-Marx-Stadt 1985.

[36] *Brückner, U.:* Kleincomputer leicht verständlich. Leipzig: Fachbuchverlag 1986.

[37] *Chapra, S. C.; Canale, R. P.:* Numerical methods for engineers: with personal computer applications. New York: Mc Graw Hill 1985.

[38] *Clasen, L.; Oefler, U.:* Wissensspeicher Mikrorechnerprogrammierung. Berlin: Verlag Technik 1986.

[39] *Duncan, F. G.:* Mikroprozessor – Software, Entwicklung und Programmierung. München: Hanser-Verlag 1980.

[40] *Gewald, K.; Haake, G.; Pfadler, W.:* Software engineering. München–Wien: Oldenbourg-Verlag 1985.

[41] *Herschel, R.; Pieper:* PASCAL – Systematische Darstellung von PASCAL und Konkurrent-PASCAL für den Anwender. München–Wien: Oldenbourg-Verlag 1979.

[42] *Horn, D.; Jahnke, H.-G.; Sandmann, H.:* Programmpaket zur numerischen Lösung von Anfangswertaufgaben. Weiterbildungszentrum für math. Kybernetik und Rechentechnik/Informationsverarbeitung, TU Dresden 1982.

[43] *Joeppen, H. G.:* TURBO-PASCAL. München, Wien: Hanser-Verlag 1986.

[44] *Kauche, E.; Klatte, R.; Ullrich, C.; Grüner, K.:* FORTRAN 77. Mannheim–Wien–Zürich: Bibliographisches Institut 1983.

[45] Nutzerhandbücher der Computer.

[46] *Schauer, H.:* PASCAL für Anfänger. München–Wien: Oldenbourg-Verlag 1979.

[47] *Paulin, G.; Schiemangk, H.:* Programmieren in PASCAL. Berlin: Akademie-Verlag 1981.

[48] *Platz, G.:* Methoden der Softwareentwicklung. München: Hanser-Verlag 1983.

[49] *Schmidt, K.; Stickler, W.:* Programmieren in BASIC: vom Problem zum Algorithmus. Thun: Verlag H. Deutsch 1985.

[50] *Schneider, W.:* Strukturiertes Programmieren in BASIC. Braunschweig: Vieweg 1985.

[51] *Schuhmann, J.; Gerisch, M.:* Softwareentwurf. Berlin: Verlag Technik 1984.

[52] Sprachbeschreibung PASCAL. Rechentechnik/Datenverarbeitung, Beiheft 3/81.

[53] *Werner, D.:* BASIC für Mikrorechner. Berlin: Verlag Technik 1986.

[54] *Wilson, I. R.; Addyman, A. M.:* PASCAL. München: Hanser-Verlag 1979.

[55] *Wirth, N.:* Algorithmen und Datenstrukturen. Stuttgart: Teubner-Verlag 1975.

[56] *Wollherr, R.:* Strukturiert programmieren mit BASIC und PASCAL. Bad Homburg: Gehlen-Verlag 1983.

Namen- und Sachregister

Mathematik für Ingenieure, Naturwissenschaftler, Ökonomen und Landwirte